国家出版基金项目
NATIONAL PUBLICATION FOUNDATION

U0292931

深海动力定位系统可靠性分析

王　芳　白　勇　著

哈尔滨工程大学出版社
Harbin Engineering University Press

内容简介

随着人类对海洋无止境的探索以及我国海洋强国战略的不断推进,动力定位已经成为各类特种作业船以及海洋钻井平台深海作业的主要定位选择。动力定位技术发展日新月异,其可靠性以及安全性受到国际海事组织、各国船级社、船东的高度重视。本书是作者在多年动力定位控制技术研究的基础上,逐渐向动力定位可靠性领域迈进的标志性研究成果。本书首次系统性地从硬件故障、软件故障、人的因素、组织因素、风险控制等方面对动力定位系统的可靠性进行建模、分析和预测,全方位地评估动力定位系统的可靠性与可用性。本书的研究成果将进一步促进高端动力定位系统的国产化设计、研发与应用,加快我国海洋工程领域"卡脖子"技术的突破,为我国船舶与海洋工程领域的国产化装备建设贡献关键力量。

本书可作为船舶与海洋工程领域的本科生、研究生的学习参考书,也可供船舶与海洋工程领域的科研人员、工程技术人员使用。

图书在版编目(CIP)数据

深海动力定位系统可靠性分析 / 王芳,白勇著. ——
哈尔滨:哈尔滨工程大学出版社,2022.7
ISBN 978-7-5661-3270-3

Ⅰ.①深… Ⅱ.①王…②白… Ⅲ.①深海—海洋工
程—动力定位系统—控制系统—可靠性估计②深海—海洋
工程—动力定位系统—控制系统—风险评价 Ⅳ.①P751

中国版本图书馆 CIP 数据核字(2021)第 189025 号

深海动力定位系统可靠性分析
SHENHAI DONGLI DINGWEI XITONG KEKAOXING FENXI

选题策划　雷　霞　史大伟
责任编辑　丁　伟　宗盼盼　王丽华
封面设计　刘长友

出版发行	哈尔滨工程大学出版社
社　　址	哈尔滨市南岗区南通大街 145 号
邮政编码	150001
发行电话	0451-82519328
传　　真	0451-82519699
经　　销	新华书店
印　　刷	哈尔滨市石桥印务有限公司
开　　本	787 mm×1 092 mm　1/16
印　　张	11.75
字　　数	270 千字
版　　次	2022 年 7 月第 1 版
印　　次	2022 年 7 月第 1 次印刷
定　　价	49.80 元

http://www.hrbeupress.com
E-mail:heupress@hrbeu.edu.cn

前　言

　　动力定位（dynamic positioning, DP）系统是应不断增强的海上石油与天然气开采业的需求而发展起来的。与传统的系泊定位系统相比，DP系统不受水深的限制，能准确抵抗海洋环境载荷的影响，机动性能更好，已经成为各类深水浮式结构物作业的主要选择。近年来，随着国际海事组织和各国船级社对海上DP作业安全性与可靠性要求的提高，DP系统也由单一的控制器结构转变为多冗余的控制计算机系统结构。新建成的DP船舶或海洋平台至少具备2级的附加标志等级，足见国家对深海DP作业安全性与可靠性的重视程度。

　　DP系统结构复杂，其可靠性与系统的硬件、软件及人为/组织等因素息息相关。如何科学、合理、有效地评估DP系统的可靠性与可用性，是海洋工程领域面临的一大难题。著者在多年研究DP控制系统的基础上，开始尝试对冗余DP系统开展可靠性研究。本书中的实例大多是著者近几年的一些研究成果与总结。

　　本书由浙大城市学院的王芳及其博士后合作导师白勇（挪威技术科学院院士）共同完成。全书共有9章。第1章为绪论；第2章介绍了控制系统的失效类型与可靠性指标；第3章阐述了控制系统的可靠性建模方法；第4章探讨了故障树方法在DP控制系统可靠性评估中的应用；第5章探讨了马尔可夫方法在DP可靠性评估中的应用；第6章讨论了DP控制系统故障模式与影响分析方法；第7章探讨了考虑人因失效的DP控制系统可靠性问题及其分析方法；第8章讨论了DP控制系统软件的可靠性；第9章介绍了基于屏障理论的DP失效控制方法。王芳负责第1章至第7章内容的编写工作，白勇负责第8章至第9章内容的编写工作。

　　本书的出版要感谢哈尔滨工程大学出版社的支持，感谢在DP领域曾经给予我们指导和帮助的专家、学者。书中难免存在疏漏与不妥之处，希望阅读此书的广大读者给予批评与指正，我们将持续改进。

著　者

2021年3月

目 录

第1章 绪 论

近海浮式结构物主要依靠单点或多点系泊或锚泊来达到作业区域保持的目的,利用锚与锚链来抵御外界海洋环境载荷的作用,例如张力腿式平台(tension leg platform, TLP)、单柱式平台(spar platform)、浮式生产储卸装置(floating production storage and offloading, FPSO)、半潜式平台(semi-submersible platform)等。随着油气资源的开发进入深海与超深海,锚泊系统由于水深限制而不能满足需要,一种主动式的定位方式——DP技术逐渐在深水浮式生产设施中得到应用。

DP是不借助任何锚链,依靠船载计算机控制推进系统来抵御外界风、波浪、海流等环境扰动力的影响,从而动态保持于海上某一确定位置的技术。DP船舶作业示意图如图1.1所示。DP系统是深海作业船舶或平台必备的支持系统,与传统的锚泊定位相比,其DP机动性能好,具有定位准确、迅速的优点。DP系统一旦到达作业海域,可以立即开始工作;当遇有恶劣环境时,又能迅速撤离。而且,DP的定位成本不会随着水深的增加而增加,可以在锚泊有极大困难的海域进行定位作业,如极深海域、海底土质不利抛锚的区域,以及敷设有管道与电缆的海床区域;而锚泊定位对于海底管道和电缆有着较大的破坏性。

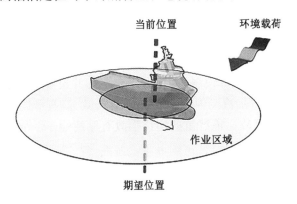

图1.1 DP船舶作业示意图

依靠DP的深水钻井平台与钻井立管联合作业示意图如图1.2所示。理想情况下,钻井平台应在区域1内进行钻探作业,此时钻井立管在水面浮体端以及海底井口端的角度保持在安全范围内;如果钻井平台发生较为严重的移位,进入区域2,钻井作业必须停止,相关人员应准备启动紧急断开程序;如果平台进入区域3,则紧急断开程序被触发;如果未能在平台移位超出区域3前及时断开钻井立管与海底防喷器组的连接且关闭井口,则可能导致立管、防喷器组与井口损坏,甚至导致井喷等重大事故。美国石油协会(American Petroleum Institute, API)对此有如下规定:

（1）连接钻探时，钻井立管顶端接头处角度α_t的平均值小于2°，最大值小于4°；海底井口端接头处角度α_b的平均值小于1°，最大值小于4°。

（2）非连接钻探时，钻井立管顶端接头处角度α_t的最大值小于9°；海底井口端接头处角度α_b的最大值小于9°。

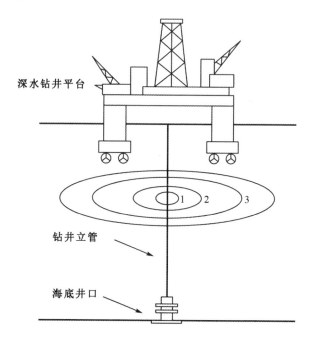

深水钻井平台

钻井立管

海底井口

图1.2　深水钻井平台与钻井立管联合作业示意图

钻井作业时，钻井立管的顶、末端挠性接头的角度必须保持在限定范围内，以防止水下钻杆与立管之间相互摩擦而损坏设备，这就要求海上钻井设施保持定位的有效性，使钻井装置始终位于允许作业位置的范围内。DP系统一旦失效，就有可能造成钻井设施的定位失效，从而引发严重的作业事故。最严重的定位事故有驱离（drive-off）和漂移（drift-off）。驱离是指定位系统主动发出错误信号（可能推进系统曲解指令或者接收错误的传感器信号）从而离开指定的作业位置；漂移是指由于动力缺失致使平台失去抵抗外界环境的能力，从而导致漂移发生。

当以上任何一种情况发生时，必须在水面钻井设施的位置超出允许作业位置的范围之前断开与水下立管的连接，关闭井口，从而保证井口装置与水下立管的完整性。

作为深海油气资源开发必备的关键技术，合理而准确的控位是各类海洋工程船舶与平台在海上实施作业的前提，直接关乎海上钻井、修井、铺管、补给支持等作业的安全与成败。

1.1 DP系统失效分析

DP系统是通过控制推进系统以自动保持钻井平台的位置,系统按要求自动驾驶钻井平台,并将其保持在指定的位置与航向,也可以通过人工进行控制。DP控制系统连接一定数量和种类的位置参考系统(position reference system, PRS)和环境传感器,将设定作业点与实际位置进行比较,通过控制算法计算出推进器需要发出的力与力矩。根据各部分功能的不同,DP系统包括以下几个主要部分:动力系统、DP控制系统、传感器系统(包括位置参考系统与环境传感器)、推进系统、DP操作员。DP平台的功能模块图如图1.3所示。

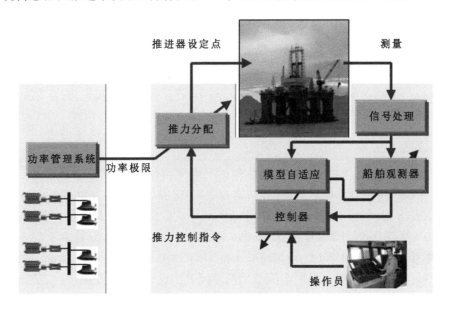

图1.3 DP平台的功能模块图

1.1.1 DP失效分析

1.动力系统失效

动力系统作为能源供应部分,为整个系统提供电力,是DP船舶所有设备运行的基础。如果电力中断,推进系统将失去动力,DP控制系统的指令不能被执行,DP船舶将处于漂移状态。动力系统包括发电机、配电板与配电系统(switchboard and distribution system, SDS)、功率管理系统(power management system, PMS)、不间断电源(uninterruptible power supply, UPS)等。

功率分配也是动力管理的一个重要问题。一般来说,功率管理系统要优先满足推进器的动力需求,其次才满足DP船舶作业中所需的各种设备的动力需求。在海况恶劣的条件下,动力系统需要分配更多的动力来满足定位的需求,功率管理系统必须有效地确定功率的供需量,保证有足够的动力余量来保持钻井平台的位置。动力系统必须具备一定的冗余度,能够适应突发风暴、发动机失效或钻机启动等导致的动力需求变化,具体可参考后面的国际海事组织(International Maritime Organization, IMO)和中国船级社对DP系统的规范要求。

2.DP控制系统失效

DP控制系统作为DP系统的控制核心,是DP系统实现控制功能的软件基础和硬件基础,它通过环境传感器和位置参考系统监测环境信息和位置信息,通过软件对收集到的信号进行处理、过滤、对比并给出相应的指令,控制推进器运动。DP控制系统包括计算机系统、传感器系统、显示系统、操作系统、位置参考系统、相关的电缆及传输线路等。

DP控制系统配有操控系统,包括操纵杆、显示面板、便携式终端。操纵杆系统有与推进器、环境传感器、位置参考系统进行信号传递的接口。操控系统可以独立于主控制器和备用控制器,操作者可以通过输入设备进行参数输入及手动控制,因此操作与维护层面上的人为因素也是影响DP系统安全性与可靠性的因素。

DP控制系统大部分电子元器件可靠性较低,需要充足的容错能力。DP控制计算机的冗余度是划分DP系统等级的一个重要指标。除了硬件,DP控制系统软件的失效也是非常致命的。

3.传感器系统失效

位置参考系统和环境传感器的实时数据的准确性,直接决定了控制系统发出指令的正确性,一旦错误的传感器系统进入控制器,就会造成DP船舶或平台发生驱离。DP系统的传感器系统主要分为环境传感器和位置参考系统。环境传感器包括风速风向仪(wind)、罗经(gyrocompass, GYRO)、运动参考装置(motion reference unit, MRU);位置参考系统包括差分全球定位系统(differential global position system, DGPS)和水声定位系统(acoustic positioning system, APS)。风速风向仪主要用于测量风的速度及方向;罗经主要用于测定船舶的位置;运动参考装置主要用于收集DP船舶或平台在横摇、纵摇及垂荡时的运动状态,并将DP船舶或平台的偏移方向和偏移速度数据提供给控制器。

Chen Haibo等指出DGPS的两种失效模式,一种是完全接收不到DGPS位置信息,另一种是接收到错误的位置信息。当DP船舶或平台的移位过大、过快或者过慢,以及突然丧失位置,都有可能导致接收到错误的位置信息。

4.推进系统失效

推进系统作为DP系统的执行机构,其工作性能的好坏直接影响DP控制系统的精度,而DP船舶或平台的实际定位能力也是由推进系统决定。DP推力输出部分将系统电能转化为机械能,按照控制信号进行推力输出,抵消DP船舶或平台受到的环境力,保持DP船舶或平台位置稳定或沿设定的轨迹运动。推进系统主要包括各类推进器、推进器控制系统、电缆及传输线路等。

推进器的故障可分为外部故障和内部故障。外部故障包括推进器或舵翼的卡死、损害等,根据损坏程度的不同可导致执行机构在功能上部分失效或完全失效。内部故障包括执行机构由于电机内部的绕组温度过高而受损害,以及执行机构与执行器控制模块或电源模块实现通信而导致执行机构不受控制等。内部故障往往会导致执行机构完全失效。

单个或多个推进器同时失效将严重影响 DP 系统的定位能力,影响海上作业安全。为此,近些年新建成的 DP 船舶或平台往往会配备比常规船舶种类与数量更多的推进装置来提高 DP 系统的可靠性。随着电力推进技术的发展,新型推进装置包括全回转推进器、吊舱推进器等,并已大量应用于 DP 船舶。推进器数量与种类的增多也使得容错控制分配成为可能。当处于工作状态的一个或多个推进器发生故障时,控制分配模块可以利用剩余正常工作的推进器对期望控制力或力矩进行重新分配,从而提高控制系统对推进系统故障的容忍能力,达到容错的目的,这对于保证 DP 船舶长时间正常航行与作业至关重要。

1.1.2 DP 事故分析

表 1.1 记录了 2000—2011 年挪威北海所发生的 9 起 FPSO 与穿梭油轮的碰撞与驱离事故案例。FPSO 与穿梭油轮串靠外输作业简图如图 1.4 所示。串靠外输作业可以分为 5 个阶段,依次为接近、连接、输油、分离与出发。一般来说,FPSO 采用单点系泊的方式进行定位,而穿梭油轮采用 DP 系统进行定位,从而可动态保持与 FPSO 的安全作业距离。DP 系统一旦失效,穿梭油轮就可能发生驱离或者漂移,进而导致碰撞事故。

表 1.1 FPSO 与穿梭油轮的碰撞与驱离事故案例

案例	年份	发生阶段	事故类型			DP 等级
			驱离	碰撞	其他	
1	2000	分离		√		DP-2
2	2004	输油	√			DP-2
3	2006	连接		√		DP-2
4	2007	输油	√			DP-2
5	2008	输油			√	DP-2
6	2009	输油			√	DP-2
7	2010	输油	√			DP-1
8	2010	接近			√	DP-2
9	2011	输油			√	DP-2

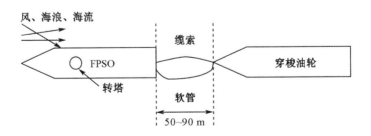

图 1.4 FPSO 与穿梭油轮串靠外输作业简图

1.技术故障/失效

技术故障/失效在事故和事件分析中起着至关重要的作用。如果综合考虑原因,实际上一些事故和事件不止由一个技术故障造成的。图1.5说明了不同的技术失效在表1.1中9起事故中的分布。DP系统一般分为4个子系统,有3起事故是由不同子系统的技术故障联合造成的,其余的事故是由单个子系统的技术故障造成的。采用DP-1配置的那起事故的原因是传感器系统的单点故障(位置参考系统的故障),由于是DP-1配置,所以单点故障就有可能导致穿梭油轮位置的丢失。非常遗憾的是,其余8起事故虽然都采用DP-2级的DP系统,但也因单点故障或联合故障而使穿梭油轮丢失了位置。

2.人为因素失效

除了技术故障,人为因素与组织因素也是导致DP驱离事故发生的重要原因。除了DP操作员的行为,也应考虑设计者及维修人员的行为,这里假设设计者是系统安全设计的主要责任者。如图1.6所示,这里并没有考虑采用DP-1级配置的那起事故,设计者和维修人员因素的失效占了事故总数的62.5%,近一半的事故是由DP操作员导致的。

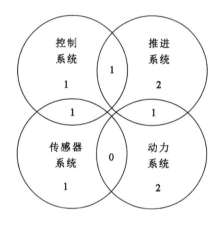

图1.5　技术失效的分布

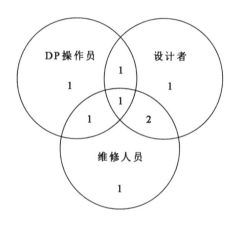

图1.6　不同角色的人为因素失效分布

3.组织失效

图1.7考虑了3种不同的组织失效,包括穿梭油轮组织、供应商、安全认证机构。有7起事故是由穿梭油轮造成的,包括DP操作员缺少训练、操作规程的缺失、监测缺失等。安全认证机构也存在事故责任,比如有些设计缺陷没有在设计阶段的故障模式与影响分析中被发现,或者没有在后续的海试中被发现。有2起事故是由供应商所导致的,包括设备的不正确安装或者后续的技术支持不到位等。此外,DP系统的安全认证机构及船级认证机构都对海上作业的安全管理负有一定的责任。

IMO为入级船舶的DP设备制定了3个等级,分为 Class 1、Class 2、Class 3, Class 2 和 Class 3 DP 系统均为冗余 DP 系统。等级越高的 DP 设备应对故障事故的能力越强,其中 Class 3 DP 的要求不仅可以容忍 Class 2 系统中的故障或失效模式,而且在失火或进水情况下仍能保证位置不丢失。

此外,国际海洋工程承包商协会(International Marine Contractors Association, IMCA)也十分关注船舶 DP 的安全性问题,多年来致力于整理并分析船舶 DP 事故的工作,这些事故皆来自会员提交的 DP 事故报告。IMCA 每年都发表一份作为独立报告的分析评论。全球海事机构受邀完成一份 IMCA

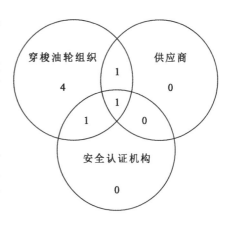

图1.7 不同的组织失效事故分布

的 DP 事故数据分析,这些事故数据主要来自1994—2003年的事故。这份报告的延续工作每年执行一次,以助于预测事故发生的趋势,并在根本原因方面提供更加详尽的分析。IMCA 在 2006 年 1 月发布了《位置保持事故数据分析报告(1994—2003)》。

IMCA 收集的事故数据根据历史事件分为两个严重级别:

(1)位置丢失1(loss of position, LOP 1)——较大位置丢失;

(2)位置丢失2(loss of position, LOP 2)——较小位置丢失。

根据历史事件,事故原因分为如下类型:

(1)DP 计算机故障——包括 DP 计算机硬件和软件故障;

(2)测量系统故障——包括位置参考系统和传感器系统故障;

(3)电力故障——包括发电机、功率管理、同步等故障;

(4)推力故障——包括推进器控制、机械、舵等故障;

(5)电气故障——包括配电盘、UPS、控制电压等故障;

(6)环境力故障——包括恶劣的风、浪和流等环境力;

(7)操作者失误故障——DP 操作员、DP 维修人员、电工等失误;

(8)其他故障——包括船舶、第三方、外力等。

以上触发因素可从设备及在船上的最终影响方面进一步分类:

(1)DP 设备

——DP 计算机硬件;

——DP 计算机软件;

——测量系统。

(2)电力/推力设备

——发电设备;

——推进器;

——电气设备。

报告共统计了1994—2003年的371起事故,其中有158起 LOP 1 类型位置丢失事故,有

213起LOP 2类型位置丢失事故。如图1.8和图1.9所示,LOP 1和LOP 2事故模型表现出电气、环境、软件等故障类型的基本事件,以及达到顶事件所经过的路径。通过对比分析可知,在LOP 1事故模型中,操作者失误所占触发因素的比例最大,远远超过了其他触发因素;而在LOP 2事故模型中,测量系统故障和推进器故障所占触发因素的比例最大。操作者失误属于人为因素,可通过规范操作流程和练习来降低触发事故的概率,不在控制系统讨论的范畴。通过报告可以看出,LOP 1的发生率要小于LOP 2,因而,提高对测量系统和推进器故障的容错能力,是提高DP作业安全性和可靠性研究的重中之重,因此,船舶DP系统的容错控制的研究对象为传感器和推进器故障。通过查阅相关文献,并国内外资料的调查统计发现,80%以上的控制系统失效都由传感器和推进器故障引起。

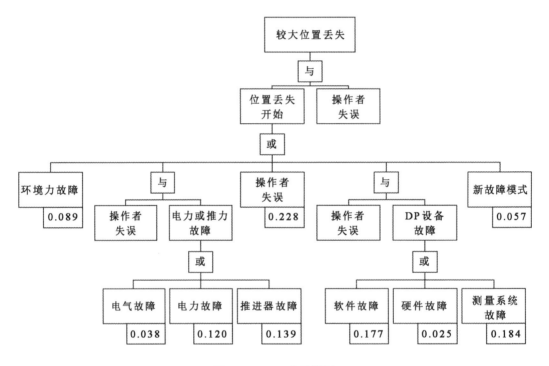

图1.8 LOP 1事故模型

船舶DP的控制方法是基于测量系统(传感器)与推进系统(推进器)的正常工作情况下提出的,因此,DP系统的可靠性依赖于对相应传感器和推进器故障的容错能力。一旦传感器或推进器发生故障,且得不到及时处理,轻则影响系统的控制效果,重则导致严重的工程事故。容错控制的目的在于,通过对控制器的调节,使故障系统仍能保持令人满意的性能,或者至少达到可以令人接受的性能指标。

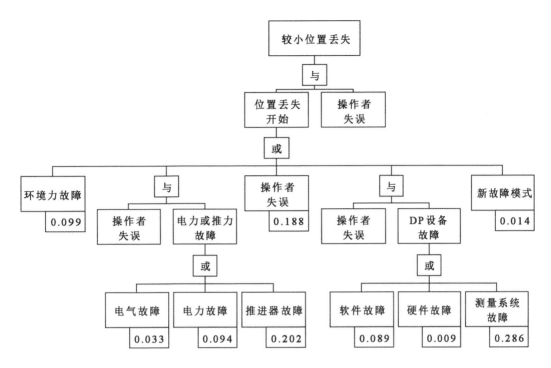

图 1.9　LOP 2 事故模型

　　DP 船舶作业的安全性和可靠性得到了国内外的高度重视。目前,各种国际组织和船级社对船舶 DP 系统皆提出了物理冗余的要求。高等级船舶 DP 系统(如 Class 2 和 Class 3)都具有很高的硬件冗余度,要求所有的部件皆应具有冗余,冗余单元或系统是热备用的,即在出现故障后,冗余单元或系统能够立即自动投入运行,利用正常的设备代替受损的设备。为了避免失火和进水的影响,DP-3 甚至在冗余要求的基础上提出了隔离布置的规定。但是过度的物理冗余不但影响船舶的布局,而且大大增加了经济成本。在具备了高物理冗余度(推进器和传感器)的前提下,利用系统内部存在的解析关系,通过软件冗余(解析冗余)达到容错的目的(如利用正常的传感器的信号重构出故障传感器的信号),为 DP 系统提供软件层面的保障是十分必要的。

1.2　国际海事组织对 DP 系统的定义与要求

　　国际海事组织是联合国负责海上安全和防止船舶造成海洋污染的专门机构。1948 年 2—3 月,联合国在日内瓦召开了海运会议,经讨论,于 1948 年 3 月 16 日通过了《政府间海事协商组织公约》,该公约于 1958 年 3 月 17 日生效。而后,各缔约国于 1959 年 1 月在伦敦召开大会,该组织正式成立。该组织原名为"政府间海事协商组织"(Intergovernmental Maritime Consultative Organization,IMCO),1982 年 5 月更名为国际海事组织(International Maritime Organization,IMO)。

　　IMO 的宗旨是,在与从事国际贸易和航运的各种技术问题有关的政府规章和惯例方面,为各国政府提供合作机构;并在与海上安全、航行效率和防止及控制船舶对海洋污染有关的问题上,鼓励各国普遍采用最高可行的标准等。此外,它还有权处理与这些宗旨有关的法律问题。

IMO于1994年颁布的《DP-Classification Guidelines.6 June 1994》(编号为MSC/Circ.645)是目前国际上比较权威的DP系统和船舶设计与建造所依据的规范,为各类新建船舶上的DP系统提供了一个国际标准。这个规范对设计要求、必须配备的设备、操作要求、试验程序和文件要求提出了建议,以减少DP作业中人员、船舶、水下作业和海洋工程施工的风险。

1.2.1 一般规定

1.定义

DP船舶:只通过推进器推力就能够自动地保持位置(固定位置或预设轨迹)的装备或船舶。

DP系统:DP船舶需要装备的全部设备,包括动力系统、推进系统、DP控制系统。

DP控制系统:船舶DP需要的所有控制系统和部件、硬件、软件。包括计算机/操纵杆系统、传感器系统、显示系统、操作系统、位置参考系统、相关的电缆和传输路径。

2.设备等级

一套DP系统包括用于实现可靠位置保持能力的整套工作的部件和设备。需要的可靠性由失去位置保持能力后导致的结果决定。导致的结果越严重,要求的可靠性越高。为了达到这种要求,设备被分成三个等级。设备等级根据如下最坏情况下的故障模式定义:

对于1级设备,当发生单点故障时可以丢失位置;

对于2级设备,当任何运动部件或系统发生单点故障时,不能发生丢失位置的情况。

由于静态部件已经过足够的保护,其可靠性经过了主管部门的认可,一般不考虑静态部件发生故障的情况。对于1级和2级设备,单点故障包括:

(1)任何运动部件或系统(发电机、推进器、配电盘、遥控阀门等);

(2)任何未经适当保护和可靠性证明的一般静止的部件(电缆、管线、手动阀门等)。

对于3级设备,单点故障包括:

(1)上述两级系统所列情况,以及任何可能出现故障的静止部件;

(2)处于任意水密舱室内发生火灾或进水的所有部件;

(3)处于任意消防子区域内发生火灾或进水的所有部件。

对于2级、3级设备,经过合理论证,孤立存在的无意误操作可视为单点故障。

基于单点故障,可以定义为最恶劣故障并用于因果分析的标准。

当一艘DP船舶被指定设备等级后,表示该DP船舶适用于指定级别和更低设备等级的所有类型的DP操作。

指导原则规定:DP船舶工作在以上情况,当任何时刻发生最恶劣故障时,不会导致严重的位置丢失。

为了符合单点故障标准,一般对部件的冗余要求如下:

（1）对于2级设备，所有运动部件需要冗余；

（2）对于3级设备，所有部件需要冗余，并且部件间需要物理隔离。

对于3级设备，全部系统不可能都冗余。在给出明确的安全性保证文档且可以证明其可靠性，并满足主管部门的要求时，可以允许部分冗余部件和隔离系统间的非冗余连接。应确保将这种连接保持在最少的状态，并将故障保持在最安全的情况下。一个系统的故障不应影响其他的冗余系统。

冗余部件和系统应能迅速启用，并保证作业进行中的DP操作具有持续到作业被安全终止的能力。应自动、快速地切换到冗余部件或系统，切换过程中应将人为影响降到最低。切换应平滑，且在操作允许限度之内。

由于海上作业船舶对可靠性的要求越来越高，IMO和各国船级社对DP系统提出了严格的要求，除在各种环境条件下都具有手动控制和自动控制的基本要求外，还制定了3个等级标准，目的是对DP系统的设计标准、必须安装的设备、操作要求和试验程序及文档给出建议，以降低在DP系统控制下的作业施工对人员、船舶、其他结构物、水下设备及海洋环境造成的风险。表1.2为IMO于1994年组织制定的DP系统的基本要求，表1.3列出了Kongsberg公司某一系列DP系统的等级。

表1.2 IMO制定的DP系统的基本要求

DP系统					
子系统和单元			各级别的最低要求		
			1级	2级	3级
动力系统	发电机和原动机		非冗余	冗余	冗余,物理隔离
	主配电板		1	2个汇流排	2个在A-60级隔离舱室中通常为打开的汇流排
	配电盘汇流排开关		0	1	2
	配电系统		非冗余	冗余	冗余,通过隔离舱室
	功率管理系统		无	有	有
	推进器布置		非冗余	冗余	隔离舱室
DP控制系统	控制单元	控制柜与操纵台	1	2	2+1(备用)其中1个位于隔离舱室
		具有自动首向的独立操纵杆系统	有	有	有
		可单独手动操纵每个推进器的操纵台	有	有	有
	测量子系统	位置参考系统	1	3	2+1,其中1个位于隔离控制站直接连接到备用控制系统
		外部传感器 风传感器	1	2	2+1,其中1个位于隔离控制站

表 1.2（续）

<table>
<tr><td colspan="7">DP 系统</td></tr>
<tr><td colspan="4" rowspan="2">子系统和单元</td><td colspan="3">各级别的最低要求</td></tr>
<tr><td>1 级</td><td>2 级</td><td>3 级</td></tr>
<tr><td rowspan="2">DP
控制系统</td><td rowspan="2">测量子系统</td><td rowspan="2">外部
传感器</td><td>垂直运动
参考系统</td><td>1</td><td>2</td><td>2+1，其中 1 个位于隔离控制站</td></tr>
<tr><td>罗经</td><td>1</td><td>3</td><td>2+1，其中 1 个位于隔离控制站</td></tr>
<tr><td colspan="4">UPS</td><td>1</td><td>2</td><td>2+1，其中 1 个位于隔离舱室</td></tr>
<tr><td colspan="4">备用控制站</td><td>无</td><td>无</td><td>有</td></tr>
<tr><td colspan="4">后果分析</td><td>无</td><td>有</td><td>有</td></tr>
<tr><td colspan="4">故障模式与影响分析（FMEA）</td><td>无</td><td>有</td><td>有</td></tr>
<tr><td colspan="4">电力和控制电路电缆要通过认可</td><td>否</td><td>是</td><td>是</td></tr>
<tr><td colspan="4">单一故障不应导致 50% DP 能力丧失</td><td>否</td><td>是</td><td>是</td></tr>
</table>

表 1.3　Kongsberg 公司的某一系列 DP 系统等级

系统	IMO 系统等级	说明
K-Pos DP-11/12	Class 1	如图 1.10，可以升级到 Class 2
K-Pos DP-21/22	Class 2	如图 1.11 或图 1.12，可以升级到 Class 3
K-Pos DP-31/32	Class 2	如图 1.13，可以升级到 Class 3
K-Pos DP-21/22 和 K-Pos DP-11/12	Class 3	如图 1.14，K-Pos DP-11/12 作为备份
K-Pos DP-31/32 和 K-Pos DP-11/12	Class 3	K-Pos DP-11/12 作为备份

位置参考系统
DGPS①
RADius②
HiPAP③
传感器系统
运动参考装置
罗经
风速风向仪
接口
发电站
操作站
打印机
开关
以太局域网
单DP控制器
全方位推进器
槽道推进器
主螺旋桨和舵

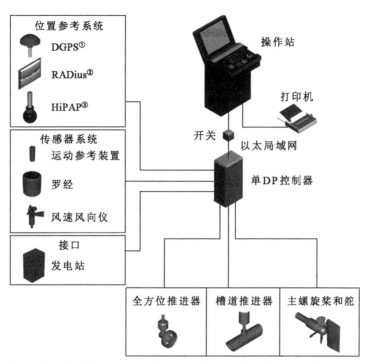

①—差分全球定位系统；②—多传感器全方位定向系统；③—高精度声呐定位系统。

图1.10 Kongsberg K-Pos DP-11系统

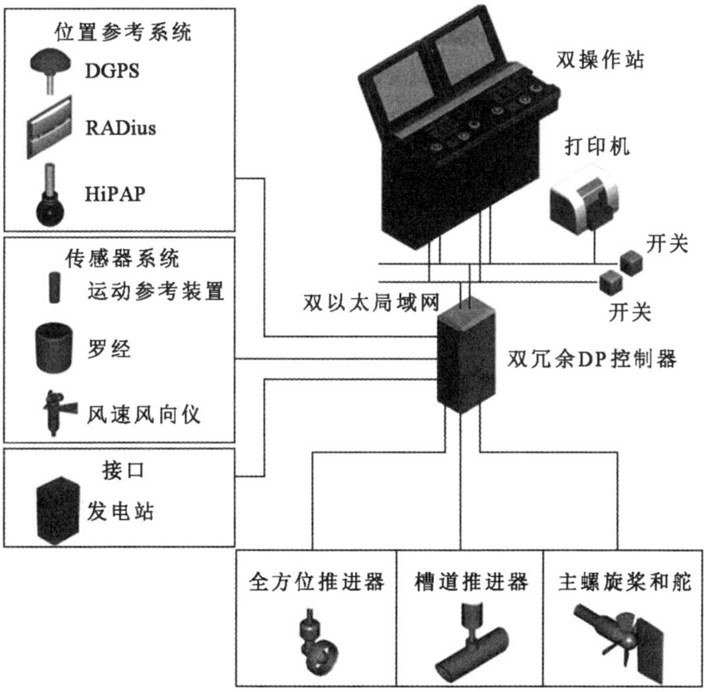

位置参考系统
DGPS
RADius
HiPAP
传感器系统
运动参考装置
罗经
风速风向仪
接口
发电站
双操作站
打印机
开关
开关
双以太局域网
双冗余DP控制器
全方位推进器
槽道推进器
主螺旋桨和舵

图1.11 Kongsberg K-Pos DP-21系统

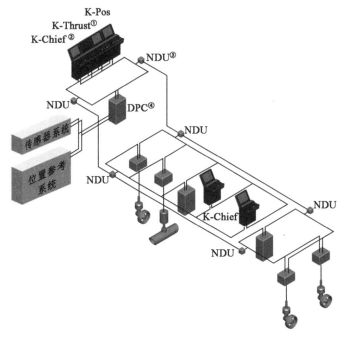

①—推进器控制系统；②—中控系统；③—网络分配单元；④—备用动力定位控制器。

图1.12   Kongsberg K-Pos DP-22系统

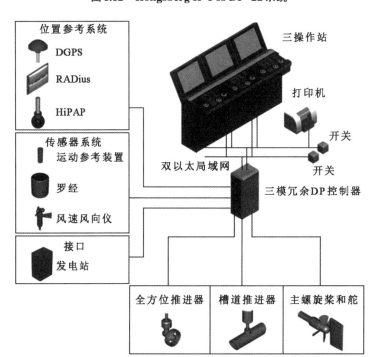

图1.13   Kongsberg K-Pos DP-31系统

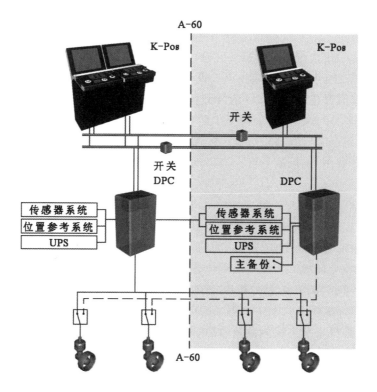

图1.14 采用A-60级隔离的Kongsberg的Class 3 DP系统

1.2.2 控制系统

1.一般要求

DP控制系统应安排在一个DP控制站中,操作员应对船舶的外围限度和周围区域具有良好的视野。

DP控制站应显示来自电力系统、推进系统的信息,并确保这些系统工作正常。保持DP系统安全的必备信息应始终可见,其他信息应在操作员需要时获得。

显示系统和DP控制系统应基于人机工程学原理进行设计。DP控制系统应能提供操作模式的简单选择,如推进器的手动、操纵杆或计算机控制,并且当前所处的工作模式应予以清晰显示。

对于2级和3级系统,操作员应预先设计,以确保其在面板上无意识的误操作不会导致严重后果。

DP控制系统控制和/或相衔接的系统故障的报警和警告应分为声音和视觉两种。有关故障发生和状态的变化应该记录在数据文件中,辅以必要的解释。

DP控制系统应防止故障由一个系统传递到另一个系统。冗余部件的布置应实现对一个部件故障的隔离,并使其他部件处于正常状态。

当DP控制系统发生故障时,应通过独立的操纵杆对推进器进行手动控制。

系统的软件应按照主管部门认可的国际质量标准进行设计。

2.计算机

对于1级设备,DP控制系统不需要冗余。

对于2级设备,DP控制系统应由至少两套独立的计算机系统构成。普通的设备,如自检电路、数据传输配置及设备接口不应导致两套或全部系统故障。

对于3级设备,DP控制系统应由至少两套独立的具有自诊断和同步设备的计算机系统组成。普通的设备,如自检电路、数据传输配置及设备接口不应导致两套或全部系统故障。此外,应配置一套备用DP控制系统。当出现任何计算机故障或系统未准备好进行控制时,会发出警报。

对于2级或3级设备,DP控制系统应具有一种"结果分析"的软件,该软件可以在最坏故障方式时连续判定船舶能否保持位置。当发生最坏故障方式时,这种分析应能判定推进器是否依然可以操作,可以产生如故障之前的合力和力矩。当发生的最坏故障方式导致由于推力不足以抵消主导环境影响从而出现位置丢失时,结果分析系统应发出警报。对于需要较长时间的安全终止操作,结果分析应包含一种功能,即在人工输入天气变化趋势的情况下,可以仿真出最坏故障方式发生后剩余的推力和电力。

当在一套计算机系统中检测到故障后,冗余计算机系统应能自动切换控制。从一套计算机系统切换到其他计算机系统的过程应该顺畅,并且符合操作要求。

对于3级设备,备用DP控制系统应布置在与主DP控制站同等级的采用A-60级隔离的舱室内。在DP作业过程中,该备用DP控制系统应根据传感器、位置参考系统、推进器反馈等输入不断更新,并且随时准备接管控制权。切换到备用DP控制系统应由手动完成。备用DP控制系统应位于备用计算机上,并不应受到主DP控制系统故障的影响。

每一套DP计算机系统应配备一个UPS,以确保在任何电力故障时不会造成对多套计算机系统的影响。UPS的电量应能满足主供电系统发生故障后至少30 min的操作需要。

1.2.3 测量系统

1.位置参考系统

位置参考系统的选择应适当考虑作业的要求,包括采用的作业方式涉及的限制和作业环境中期望的性能。

对于2级和3级设备,至少需要安装3套位置参考系统,并且在作业过程中,DP控制系统可以实时获得其输入。

当需要两套或更多套位置参考系统时,这些位置参考系统不应为同种类型,而应为基于不同原理并适用于作业条件的类型。

位置参考系统应能为DP作业提供足够精度的数据。

位置参考系统的性能应加以监测。当位置参考系统的信号发生错误或质量显著下降时,应发出警报。

对于3级设备,应至少有一套位置参考系统直接连接到备用DP控制系统上,该套位置参考系统应与其他位置参考系统均达到A-60级隔离。

2.船舶传感器

船舶传感器应至少可以测量船舶的首向、姿态运动、风速、风向。

当一套2级或3级设备的DP控制系统完全依赖船舶传感器的正确信号时,这些信号应基于同种用途的3套系统(如至少需要安装3台罗经)。

用于同种用途的传感器与冗余系统的连接应独立布置,确保一套系统发生故障时不会影响其他系统。

对于3套系统,每一种类型的传感器系统中的每一套系统都应直接连接到备用DP控制系统上,并且该套系统应与其他系统均采用A-60级进行隔离。

1.2.4　推进系统

推进系统应能够提供船舶纵向和横向足够的推力,以及用于首向控制的转艏力矩。

对于2级和3级设备,推进系统应与电力系统进行适当的连接,以确保在电力系统的一个组成部分发生单点故障且推进器连接到该系统时,能够满足使用要求。

用于因果分析中的推进器推力值,应对推进器和其他影响有效推力的效果间的干扰加以校正。

推进系统的故障包括螺距、回转角和速度控制的故障,不应造成推进器旋转或推进器由失控变为全螺距或速度失控的操作。

1.2.5　电力系统

1.电力系统对电力的需求

对于1级设备,不要求具有冗余的电力系统。

对于2级设备,应将电力系统划分为两个或更多个子系统,以保证当一个系统出现故障时,至少有另外一个系统处于工作状态。电力系统在运行中可以作为一个整体运转,但应通过汇电板断电器进行安排。当发生可能由一个系统传播到另一个系统类型的故障时,或者系统发生过载或短路时,能够自动隔离。

对于3级设备,应将电力系统划分为两个或更多个子系统,以保证当一个系统出现故障时,至少有另外一个系统仍处于工作状态。划分的电力系统应位于满足A-60级隔离要求的不同空间内。当电力系统位于作业水线以下时,隔离空间应为水密舱室。当处于3级系统操作时,汇电板断电器应断开,除非能够接收前述的等价的完整性电力操作。

对于2级和3级设备,当发生最坏故障方式时,电力系统应能为保持船舶位置提供足够的电力。

对于安装的电力管理系统,相关的冗余性或可靠性要满足主管部门的要求。

2.电子系统对电缆和管线系统的要求

对于2级设备,燃料、润滑油、液压油、冷却液和电缆的管线系统应避免位于易出现火灾和机械损伤的位置。

对于3级设备,冗余设备或系统的电缆不应集中布线穿过相同的舱室。当这些电缆不可避免地交会时,应通过A-60级电缆管线,除电缆本身标有防火性能外,电缆管线的末端都应加以有效的防火保护。

在电缆管线中,不允许使用电缆连接盒。

1.3 中国船级社对DP系统的定义与要求

中国船级社(China Classification Society, CCS)成立于1956年,是中国唯一从事船舶入级检验业务的专业机构。中国船级社为船舶和海上设施提供世界领先的技术规范和入级标准,以及独立、公正和诚实的入级检验服务,为航运、造船、海上开发及相关的制造业和保险业,促进和保障生命和财产的安全、防止水域环境污染提供服务。

中国船级社是国际船级社协会(International Association of Classification Societies, IACS)正式会员。中国船级社视风险管理为其业务的基本属性,业务围绕入级船舶检验、国内船舶检验、海洋工程检验和工业服务四条业务主线展开,已取得了令人瞩目的成绩。《钢质海船入级规范》是CCS提供国际航行海船入级服务的基础性规范,包括入级范围与条件,以及与其相配套的技术要求,规定船舶构造、船体结构、机械与电气设备和系统、消防、环保等技术与建造标准、检验和试验要求,旨在控制船舶的安全与质量达到适当水平,并得到业界的广泛认同。《钢质海船入级规范》(2022,以下简称规范)的第8篇第11章是关于DP系统的入级规定要求。

1.3.1 一般规定

1.一般要求

(1)规范适用于船舶或海上设施(以下简称"船舶")上安装的DP系统。

(2)对具有DP系统的船舶,如不申请附加标志,其设计、设备等可参照规范适用部分的要求。

(3)对于不满足附加标志要求的设备或系统,CCS可根据申请发一份表明船舶/系统的整体或部分符合规范的声明。发布声明后,CCS将不对船舶状态进行监控或跟踪。

(4)CCS将对DP船舶或相关设备的一些新颖设计和特殊功能给予适当考虑,如这些新颖设计和特殊功能符合规范的要求,应给予接受。

(5)规范第11章的规定是基于DP系统的操作和维护是由合格的船员执行的。本章从图纸送审、设计等方面分别提出了要求。

2.附加标志

当DP系统通过设计、建造并试验通过了规范本章及相关章节的要求,经船东申请,可以根据DP系统的不同冗余要求,授予下列附加标志:

(1)DP-1:安装有DP系统的船舶,可在规定的环境条件下,自动保持船舶的位置和首向,在出现单一故障后允许船舶丢失船位和首向。

(2)DP-2:安装有DP系统的船舶,在出现单一故障(不包括一个舱室或几个舱室的损失)后,可在规定的环境条件下,在规定的作业范围内自动保持船位和首向。

(3)DP-3:安装有DP系统的船舶,在出现任何单一故障后,包括由于失火或进水造成一个舱室的完全损失后,可在规定的环境条件下,在规定的作业范围内自动保持船位和首向。

3.定义

(1)DP,指凭借自动和/或手动控制的水动力系统,使船舶在其作业时,能够在规定的作业范围和环境条件下保持其船位和首向。

(2)规定的作业范围,指规定的允许船位偏离某一设定点的范围。

(3)规定的环境条件,指在规定的风速、水流和浪高的环境条件下,船舶能进行预期的操作。抗冰载荷可不予考虑。

(4)DP船舶,指仅用推进器的推力自动保持自身船位(固定的位置或预先确定的航迹)和首向的船舶。

(5)DP系统,指使DP船舶实现DP所必需的一整套系统。

①推进系统;

②动力系统;

③控制系统与测量系统。

(6)推进系统,指向DP系统提供动力的所有部件和系统,包括:

①具有驱动设备的推进器(包含在DP系统控制下的主推进器和舵);

②推进器控制系统和手动控制;

③相关的电缆和电缆布线;

④支持上述系统的辅助系统。

(7)动力系统,指用于DP的推进器及其控制装置,包括:

①原动机;

②发电机;

③配电板;

④不间断电源UPS和蓄电池;

⑤配电系统(包括电缆敷设及线路选择);

⑥对于DP-2和DP-3附加标志:功率管理系统;

⑦支持上述系统的辅助系统。

(8)DP控制系统,即DP船舶所必需的所有的控制元件和/或系统、硬件和软件。包括:

①计算机系统和控制器;

②显示系统与操作面板;

③位置参考系统;

④传感器系统;

⑤相关的电缆和电缆布线;

⑥网络。

(9)计算机系统:指由一台或多台计算机组成的系统,配备软件、外围设备、接口、计算机网络及其协议。

（10）位置参考系统：指测量船舶位置和首向的系统。

（11）传感器系统：指用于测量首向、船舶运动姿态（如横摇、纵摇、垂荡等）、风速风向等参数的系统。

（12）船位保持：指在控制系统正常的操作范围和环境条件下，维持想要的船位。

（13）丢失船位：指船位和/或首向超出了设定的DP规定的作业范围。

（14）可靠性：指系统或部件在一个规定的时间间隔内，执行其自身任务而无故障的能力。

（15）冗余：指当发生单一故障时，单元或系统保持或恢复其功能的能力。它可通过设置多重单元、系统或其他实现同一功能的装置来实现。

（16）冗余组：由于单一故障的发生而导致同时受到影响的系统，通常以推进器组、发电机组或配电板组进行划分。

（17）单一故障：指部件或系统出现的一个故障，可能会造成下列影响：

①部件或系统的功能损失；

②功能的退化达到了明显降低船舶、人员或环境安全的程度。

（18）最大单一故障：针对DP-2和DP-3附加标志，由故障模式和影响分析识别出来的单一故障，当该故障出现时将对当前的DP作业能力产生最大影响。

（19）最大单一故障的设计意图：用于描述当出现最大单一故障后，DP船舶能保持的定位能力，通常以同时丢失的发电机冗余组和（或）推进器冗余组来进行描述。

（20）隐性故障：指在正常操作或维护时不会被立即发现，需要使用该功能时才会显现出来的故障。

（21）安全终止时间：指在紧急情况下，安全的终止和/或撤离正在进行的DP作业所需最低的时间。

（22）结果分析：指DP控制系统的一种软件功能，能自动分析出现最大单一故障后DP船舶能否在当前环境条件下继续保持船位，如不能定位应报警。

（23）联合操纵杆：指一个易于调整矢量推力（包括转矩）的装置。

（24）操作模式：指的是一种控制模式，在此模式下，DP系统可被操作，包括：

①自动操作模式（自动船位和首向控制）；

②独立的联合操纵杆模式（手动船位控制且具有可选择的自动或手动首向控制）；

③手动模式（对每个推进器的螺距和速度、方位、启动和停止的单个控制）；

④其他操作模式，如自动舵等。

4.图纸资料

对DP船舶，应将下列图纸资料提交以获得批准：

（1）DP系统技术说明，应至少包括下列内容：

①电力系统及功率管理的功能描述；

②系统的布置和配置：物理分隔（DP-3）、推进器、配电板、发电机组、辅助系统；

③冗余组的划分（DP-2/3）；

④最大单一故障的设计意图（DP-2/3）；

⑤安全终止时间的要求(DP-2/3)。

(2)DP的系统图,包括供电电源、设备之间的连线(应至少包含各系统的动力单元、控制单元、辅助系统等)。

(3)DP工况下的电力负荷估算书。对于DP-2和DP-3附加标志,应反映出现最大单一故障后的用电情况。

(4)DP控制站的布置,对于DP-3附加标志还应包含备用控制站的布置。

(5)控制台显示和报警项目表。

(6)对于DP-3附加标志,冗余组的区域划分图,应在总布置图上显示并区分(不同颜色)不同冗余组的设备或系统所在的处所,并在该图上标识不同区域之间的防火和水密分隔。

(7)对于DP-3附加标志,电缆布线图和电缆清册,应包括所有和DP系统有关的电缆。

(8)对于DP-2和DP-3附加标志,在线"结果分析"的原理说明。

(9)对于DP-2和DP-3附加标志,故障模式与影响分析报告。

(10)对于DP-2和DP-3附加标志,故障模式与影响分析冗余度试验程序(由现场验船师审查)。

同时,应将下列图纸资料提交备查:

(1)定位系统的操作手册。

(2)船位保持性能分析,包括:

①结合能力分析图和文字说明来描述所有推进器都运行时的定位能力;

②对于DP-2和DP-3附加标志,结合能力分析图和文字说明来描述出现最大单一故障后的定位能力;

③环境条件应采用标准的蒲福等级或其他公认的划分方法;

④环境力(风、浪、流)和推力应通过风洞和水池试验或其他公认的方法评估。

此外,对于新颖设计,CCS可根据具体设计提出额外的图纸要求。

5.故障模式与影响分析(FMEA)

(1)对于DP-2和DP-3附加标志,DP船舶需要进行故障模式与影响分析。

(2)故障模式与影响分析的目的在于分析及论证出现单一故障后DP船舶是否能船位保持,及系统是否满足冗余设计的要求。

(3)故障模式与影响分析报告应是一份完整和详细的文档,报告的内容应包括但不局限于下列内容:

①船舶的基本参数及信息;

②分析范围的界定,接受标准的说明;

③系统布置和配置的说明、冗余组的划分、最大单一故障的设计意图、安全终止时间的要求;

④所有系统主要部件的描述以及表示它们相互之间作用的功能框图;

⑤单一故障(包含可能有的公共故障、隐性故障)的分析,分析故障产生的原因、探测故障的方法、故障对系统局部和整个DP系统的影响;

⑥对于 DP-3 附加标志,舱室故障分析(或等效方法);

⑦结论,应包括各分系统和整体 DP 系统的总结。

(4)应对每一种故障模式进行试验,试验程序应以模拟故障模式为基础,并在实际 DP 操作模式下进行试验。

(5)船上应放置完整版故障模式与影响分析报告和冗余度试验程序。若 DP 系统的硬件或软件有改变,根据实际情况,故障模式与影响分析报告和冗余度试验程序应跟随更新。

1.3.2 系统布置

1.一般要求

(1)规范规定一般类型的系统布置要求,除有明文规定外,这些要求适用于所有具有 DP 附加标志的船舶。对各个分系统的特殊要求将在分系统中规定。

(2)根据不同的附加标志,DP 布置的设计应至少满足表1.4的要求。

表1.4　CCS规范DP系统的布置

设备		附加标志		
		DP-1	DP-2	DP-3
动力系统	发电机和原动机	无冗余	有冗余	有冗余,舱室分开
	配电板	1	1	2,舱室分开
	功率管理系统	—	有冗余	有冗余,舱室分开
	UPS电源	1	2	2+1,舱室分开
推进系统	推进器布置	无冗余	有冗余	有冗余,舱室分开
	推进器的手动控制	有	有	有(主DP控制站)
控制系统和测量系统	自动控制,计算机系统数量	1	2	3(其中之一位于备用控制站)
	独立的联合操纵杆系统	1	1	1
	位置参考系统	2	3	2+1(其中之一位于备用控制站)
	运动传感器系统	1	3	2+1(其中之一位于备用控制站)
	首向传感器系统	1	3	2+1(其中之一位于备用控制站)
	风速风向传感器系统	1	2	1+1(其中之一连接至备用控制系统)
备用控制站		—	—	有

表1.4（续）

设备	附加标志		
	DP-1	DP-2	DP-3
报警打印机	1	1	1

（3）在特殊作业环境条件下，如使用定位系泊设备辅助DP时，DP系统应设计成能监测锚链的长度和张力，并根据操作情况，对锚链断裂或推进器失效的后果进行 分析。

（4）作业设备如起重、铺管和外部消防等，如在作业时会对船舶产生作用力并会直接影响定位的，设计时需考虑该类设备对整个系统的影响。

2.DP-2和DP-3的冗余设计原则

（1）为实现所规定附加标志的冗余要求，DP系统应布置成：

①对于DP-2附加标志，所有动态部件或系统应冗余；

②对于DP-2附加标志，如静态部件出现故障后会立刻对定位产生直接影响的，或该部件未采取适当保护的，应冗余；

③动态部件或系统通常包含发电机组、配电板、UPS电源、推进器、控制系统等，静态部件通常包含电缆、管系等；

④如单一操作会导致结果超出最大单一故障的设计意图时，对该操作应采取有效措施进行防护，如采取双击或进行额外的机械防护；

⑤对于DP-3附加标志，所有动态、静态部件和系统都应冗余，并对冗余组之间进行A-60级的防火分隔。该分隔如位于破损水线以下还应达到相应的水密分隔要求，破损水线以上的区域应进行故障模式和影响分析，以判断进水对冗余的影响及是否需布置水密分隔；

⑥当认为某些部件或系统无须布置成冗余或无法进行冗余布置时，应考虑这些部件或系统的可靠性和故障后对系统的影响，如分析得出这些部件或系统的可靠性足够高或故障的影响足够低时，可通过分析及试验结果来判断是否能接受该布置。

（2）系统应包含至少两个冗余组，也可以是更多冗余组。当出现任何单一故障（包含最大单一故障）时，备用冗余组能立即投入运行（即要求热备用），并能有足够的数量、容量和能力来保证DP的作业和/或安全终止时间的需求。

（3）系统完全停止后再重启不应视为冗余设计的条件，这包含但不限于推进器、发电机组、直接连接DP系统的辅助系统。不同冗余组的转换应自动进行，不应有手动干预，自动转换应平稳，船位和首向变化应在可接受的作业范围内。

（4）为防止故障在不同冗余组之间的蔓延，不同冗余组应保持互相独立和避免公共连接。对于DP-2附加标志，本要求针对的是电气、管系的交叉连接；对于DP-3附加标志，本要求还针对物理和空间上的交叉连接。如无法避免时，需通过故障模式与影响分析来分析故障蔓延对不同冗余组的影响，并实船验证其结果是否会超出最大单一故障的设计意图。

（5）对于那些未和DP系统建立直接联系的系统，如采暖通风与空调、消防灭火、风油遥切、应急关闭、火气系统等,如这些系统的触发或者故障会影响DP的,也应从冗余、可靠性等角度进行布置。

(6)根据故障模式和影响分析及试验的结果,得出最大单一故障,该结果应输入至DP控制系统的"结果分析"软件。只有被故障模式和影响分析并试验通过的模式才能输入至"结果分析"。

(7)当故障模式和影响分析得出某些故障会导致系统丢失冗余时,应通过足够和有效的措施提醒船员以避免隐性故障。

3.显示与报警的布置

(1)DP控制站应显示DP系统的信息,以确保其正常运行。DP系统安全操作所必需的信息应在任何时候均可获得。

(2)当DP系统及其控制的设备发生故障时,应发出听觉和视觉报警,对这些故障的发生及状态应进行永久的记录。记录应通过报警打印机来实现,如采取其他方式时需特殊考虑并经CCS认可。

(3)在每一个DP控制站内应布置表1.5规定的报警和显示。

表1.5 DP控制站的报警和显示项目

系统	被监控参数	报警	显示
推进系统	推进器的合作用力大小、方向和力矩 (船舶相对位置的图形显示)		√
	各推进器的推力大小、百分比及方向 (船舶相对位置的图形显示)		√
	推进器的推力分配模式 (固定、对推等)		√
	推进器命令与反馈指示 (包括螺距、转速、转向控制等)		√
	推进器负荷受限制 (过载、可用功率不够、系统故障等)	√	
	推进器状态 (运行、停止、可用、在线、故障)	√	√
动力系统	自动控制断路器的状态 (至少包含推进器、发电机、母联)		√
	在线发电机已消耗的功率和可用的储备功率		√
控制系统与测量系统	船舶的目标点及当前船位和首向, 包括之间的偏差		√
	超过作业范围/设定(位置、首向)	√	
	位置参考系统的使用状态及位置信息		√
	位置参考系统的故障报警	√	

表 1.5（续）

系统	被监控参数	报警	显示
控制系统与测量系统	首向传感器系统的使用状态及首向信息		√
	首向传感器系统的故障报警	√	
	运动传感器系统的使用状态及运动信息		√
	运动传感器系统的故障报警	√	
	风速风向传感器的使用状态及风速风向信息		√
	风速风向传感器的故障报警	√	
	"结果分析"软件运行状态(DP-2/DP-3)		√
	经"结果分析"给出的报警(DP-2/DP-3)	√	
	模式转换装置(如采用计算机控制系统)故障、DP控制系统故障、独立的联合操纵杆控制系统故障	√	

（4）如按表1.5的要求设置报警和显示项目不符合实际或不必要或具有等效设置时，经CCS同意，可根据实际情况减少报警和显示项目。

（5）表1.5规定的报警和显示可以通过不同的系统来实现，如同一显示器同时用作报警和其他功能，则报警信息应优先于其他信息，并不会被其他的信息和操作抑制或覆盖。

（6）如果DP控制站的报警是其他报警系统的延伸信号，则应有就地的消音和确认装置。如表1.5中关于推进系统和动力系统DP控制站是组合报警，则应能就地显示具体的报警信息，如设置停机报警点应和其他报警点分开。消音装置不应抑制新的报警。

4.控制面板的布置

（1）DP控制站的指示器和操作面板，应符合人体工程学原理。对不同的指示器和控制面板应进行逻辑分组，当这些指示器和控制面板与其相关的设备在船上的相对位置有关时，应与之相协调，显示器上的指示也应满足同等要求。

（2）操作模式之间的转换应方便，而且应清楚地显示目前操作模式。不同分系统的操作状态也应显示一致。

（3）如系统及其分系统的控制可从其他控制站上进行时，每个控制站应指示正在实施控制的控制站。

（4）显示器和指示器的信息应便于使用，操作者应能立即获得动作后的信息。一般情况下，既要显示发出的指令，还应显示反馈信息或动作的确认信息。

（5）如操作面板的误操作可能导致危险状态时，则应采取预防措施来避免这种控制操作。这些预防措施可以是将手柄等置于适当位置、采用凹进的或有盖的开关，或按一定的逻辑进行操作。

（6）如操作次序的错误会导致危险状态或设备损坏时，则应采取联锁措施。

（7）安装在驾驶室内的控制面板和指示器应有充分的照明，并可调光，报警指示不能调至零。

5.数据通信的布置

(1)当两个或两个以上的推进器及其手动控制器采用同一数据通信链路时,这一链路应布置成在技术上具有冗余。

(2)当DP自动控制系统采用数据通信链路时,应与手动控制的数据通信链路　独立。

(3)对于DP-2和DP-3附加标志,数据通信链路应布置成在技术上具有冗余。

(4)独立的联合操作杆系统可与手动控制系统共用数据链路,但应与DP自动控制系统的数据链路相互独立。

(5)对于DP-2和DP-3附加标志,单一故障不能同时影响冗余的数据通信链路。

6.DP-3的物理分隔布置

(1)不同冗余组应保持A-60级的防火分隔,如果位于破损水线以下,还应保持水密分隔,冗余组的构成包括设备、电缆及管系。

(2)对于连接不同冗余组的公共区域,也需要考虑该区域失火或进水后对DP冗余组的影响,需达到上述(1)的同等要求。

(3)冗余设备或系统的电缆不应与主系统一起穿越同一个舱室。当不可避免时,电缆安装在A-60级防火分隔的电缆通道内,这种方式仅适用于布置在非高度失火危险区处所的电缆。电缆的接线箱不允许设置在电缆管道内。

(4)冗余管系(燃油、滑油、液压油、冷却水和气动管路等)不应与主系统一起穿越同一个舱室。当不可避免时,管系安装在A-60级防火分隔的通道内,这种方式仅适用于布置在非高度失火危险区处所的管系。

(5)对于那些不直接属于DP系统,但其发生故障会导致DP系统故障的系统(如普通灭火系统、发动机通风系统、停车系统等)也应满足本章相关要求。

7.内部通信的布置

(1)DP控制站和下列位置之间应设有一个双向的通信设施:
①驾驶室;
②主机控制室;
③有关操作控制站。

(2)通信系统的供电系统应独立于船舶主电源。

1.3.3　推进系统

1.一般要求

(1)所述的推进器为管隧式推进器、全回转推进器、固定或可调螺距螺旋桨推进器,其驱动方式可分为电动、柴油机或液压传动。对其他类型的推进器,使用前应特殊考虑。

(2)除规范另有规定外,推进系统包括原动机、齿轮箱、轴系和螺旋桨的设计和制造应符合规范其他章节规定的适用要求。

(3)DP系统所用的推进器,应能满足长期运转的要求。

（4）如操舵装置由DP控制时，也应设计成连续运行。在DP自动操作模式下，如舵未被DP控制系统控制时（非在线），且舵不在零位，应能在DP控制系统给出报警。

2. 推进器的布置

（1）推进器的位置应尽可能减小推进器与船壳之间、推进器与推进器之间的干扰。

（2）推进器的浸没深度应足以降低吸入漂浮物或形成旋涡的可能性。

（3）推进器的数量和容量应满足下列要求：

①在规定的环境条件下，推进系统应提供足够的横向和纵向推力及控制首向的转向力矩。

②对于DP-2和DP-3附加标志，在有冗余的推进器布置中，任意一个推进器发生故障后，仍有足够的横向和纵向推力及控制首向的转向力矩。

（4）用于"结果分析"的推进器的推力值，应考虑推进器间的干扰以及其他会降低有效推力的因素，必要时应加以修正。

3. 推进器的手动控制

（1）应在主DP控制站设置所有推进器的手动控制装置，用于完成启动、停止、方位、螺距、转速的控制，其中方位、螺距、转速的控制应为随动控制。

（2）在DP控制站，应能持续和清晰地显示各推进器运行、停止、操作模式、方位、螺距、转速的状态。

（3）闭环控制系统（包括反馈装置）的故障不能影响方位、螺距、转速的指示。

（4）推进器的手动控制应在任何时候都能起作用，包括在DP控制和独立的联合操纵杆控制系统出现故障的情况下。

（5）推进器手动控制系统的故障，包括方位、螺距、转速的控制，不应造成推进器旋转，和（或）推力的增加。

（6）在主DP控制站，每一推进器应设有独立的应急停止装置，任一推进器的应急停止不应影响别的推进器。应急停止装置应独立于DP控制系统、独立的联合操纵杆控制系统和推进器手动控制系统，每个推进器的应急停止装置应铺设单独的电缆和布置单独的控制回路。

（7）对于DP-2和DP-3附加标志，应急停止装置应设置回路监测功能，需至少监测失电、断线和短路故障，当回路故障时应报警并不会影响正在运行的推进器。对于DP-3附加标志，应急停止装置的设计还需考虑火灾和进水故障的影响。

（8）在推进器的手动控制位置，应能持续显示推进系统有关的报警，该报警可以是组合报警，如设置停机报警点应和其他报警点分组。

1.3.4 动力系统

1. 一般要求

（1）除本章节有明文规定者外，动力系统应符合规范其他篇章的适用要求。

（2）应采取自动限制负荷或其他自动措施来防止动力系统的有功或无功过载，以避免部分或全船失电,本要求同样适用于单一故障导致一个或多个发电机脱扣时的故障工况(除非故障后该母排无剩余发电机组)。如本要求由多个系统来实现时,各系统的设置应互相协调。

(3)对于DP-1附加标志,动力系统无须设计成冗余。

(4)对于DP-2附加标志,动力系统应至少分成两个冗余组,当其中一个冗余组出现故障时,剩余的冗余组能够提供足够的动力以保证定位。不同冗余组可以设计成并联运行,但是当某一冗余组出现故障时冗余组之间的开关应能将故障组自动与非故障冗余组分开,以避免故障的蔓延,故障模式应通过故障模式与影响分析进行识别,需包含但不限于过载、接地和短路。

(5)对于DP-3附加标志,动力系统应当是分成两个或者更多的冗余组,当其中一个冗余组出现故障时,剩余的冗余组能够提供足够的动力以保证定位。各冗余组间应进行A-60级的防火分隔,如位于破损水线以下,该分隔应达到对应的水密要求。不同冗余组之间的开关都应保持常开,除非能证明并联运行可以达到独立运行时同等的安全水准,具体原则参照DP-2和DP-3配电板的布置的条款。

2.发电机组的台数和容量

(1)在启动推进器的电动机时,尤其是在一台发电机不能工作时,启动期间引起的主汇流排上的瞬态电压降不应超过额定电压的15%。

(2)如安装推进器的总功率超出所配置发电机的总功率时,则应采取联锁或推力限制措施来防止动力装置的过载。

(3)在选择发电机的台数和类型时,应考虑可能在DP推进器操作中出现的高电抗负载。

(4)对于DP-2和DP-3附加标志,发电机的数量应满足单一故障后的冗余要求。

3.功率管理系统

(1)对于具有DP-2和DP-3附加标志的船舶,应至少设置一个自动的功率管理系统,此系统应使发电机随负荷的变动而启动和停止。当没有足够的功率启动大功率的负载时,应阻止大功率设备的启动,并按要求启动备用发电机,然后再启动所需要的负载。功率管理系统应具有充足的冗余或适当的可靠性。

(2)当总的电力负载超过运转中发电机总容量的预定百分比时应发出警报,该报警的设定值应在运转容量的50%~100%可调,并应按运行发电机的数量和任何一台发电机失灵的影响加以确定。

(3)对于电力驱动的推进系统,应采取措施在负载达到(2)规定的报警值之前,使未运行的发电机自动启动、并车和分配负载。

(4)因一台或几台发电机的停止而引起的突然过负荷不应造成电源的全部中断,在启动一台备用的发电机并使其开始发电的过程中,应减小螺距或/和降低转速以减小推进器的负载。如DP系统中的计算机系统能完成这一功能,则应与功率管理系统相协调。

(5)功率管理系统的故障应不引起在网发电机的替换,且应在DP控制站报警。

（6）断开功率管理系统后，配电板应能手动操作。

（7）应对功率管理系统进行 FMEA。

4.DP-2 和 DP-3 配电板的布置

（1）对于 DP-2 附加标志，配电板应布置成不因单一故障造成电源的全部中断，这里的单一故障是指任何系统或部件的技术特性的破坏，并应考虑汇流排直接短路的可能性。对于 DP-3 附加标志的船舶，单一故障还包括进水和失火事故引起的故障，所以应对冗余部件/系统进行隔离，以便防止进水和失火故障。

（2）主汇流排应至少由两个分段（或部分）组成，如断路器能分断系统中的最大短路电流，则可以将这些分段用断路器相连，在此断路器上应设置相应的保护，并满足选择性要求。

（3）对于 DP-2 附加标志，允许将不同冗余组配电板的分段放在一个配电板中，汇流排任一段因任何原因失电都应有充足的可用功率在规定的环境条件下、在规定的作业范围内保持船舶位置。

（4）对于 DP-3 附加标志，不同冗余组的配电板要以 A-60 级防火分隔进行分隔，如配电板安装在水线以下，还应满足水密分隔的要求。任何舱室由于火灾或进水造成功能完全丧失后，应保证有充足的功率在规定的作业范围内保持船舶位置。不同冗余组配电板连接线上的每端都应设置断路器。

（5）动力系统和推进系统的供电电源须来自各自冗余组，其布置应满足相应附加标志的冗余设计原则。

（6）在 DP 控制站，应连续显示发电机的在线功率储备，即在线发电机的容量与消耗的功率之差。对于分段式汇流排，每一分段要设置这种指示器。

（7）对于 DP-3 附加标志，为实现动力系统一般要求的安全水准，应至少进行如下的分析及试验：

①应通过故障模式与影响分析来识别故障模式、故障的蔓延、故障的影响，对故障模式的定义无限制，应包含任何动态、静态元器件的故障、公共故障、隐性故障、失火和进水导致一个完整舱室的损失（包含舱室内所有系统的故障）。并需结合计算机仿真和其他方法来模拟分析 DP 系统在故障时的动态响应。

②当故障模式与影响分析识别得出某些故障模式的产生会对定位造成直接影响的，针对该类型故障模式应至少设置双重保护，主保护和备用保护应保持互相独立，当保护动作后，结果仍不能超出最大单一故障的设计意图。

③应布置各分段的母排失电自动再恢复及所有推进器的自启功能（除非连接推进器的母排故障），可以通过 DP 控制系统手动选择推进器的在线状态，其他的功能都必须是自动的。自动启动的时间要尽量短，不应大于 60 s，该功能应实船验证。

④应对故障模式与影响分析的结论进行实船验证，以确认系统保护功能的有效性、故障的穿越能力、双重保护的独立性、各保护间的协调及对故障的监测。应根据故障模式与影响分析的结论来确定试验范围，至少应包含实船短路、接地故障、调速器故障、调压器故障、相间不均衡、功率管理系统故障等模式。并结合计算机模拟和其他方法来决定试验工

况,最终试验结果应记录并和理论分析进行比较,以判断是否能被接受。

5.控制电源

(1)DP控制系统的计算机系统、工作站、位置参考系统、传感器系统和打印机应由UPS供电,UPS的布置和数量应满足表1.4的要求。

(2)对于DP-1附加标志,应至少设置一个UPS。对于DP-2和DP-3附加标志,UPS的数量应根据故障模式与分析的结果确定。对于DP-2附加标志,应至少配备两个UPS;对于DP-3附加标志,应至少配备三个UPS,其中一个设置在独立的舱室并与其他的UPS以A-60级防火分隔进行分隔。

(3)对于DP-2和DP-3附加标志,计算机系统、工作站、位置参考系统和传感器的供电应按照冗余设计原则进行合理分布,以保证UPS系统出现单一故障后,仍有保持DP的能力。

(4)对于DP-2附加标志,属于DP控制系统不同冗余组UPS的供电电源,应来自主配电板的不同部分。对于DP-3附加标志,主DP控制系统不同冗余组UPS的供电电源,应来自主配电板的不同部分。单一故障不能导致主和备用DP控制系统同时丢失供电电源。

(5)独立联合操纵杆系统的电源应与DP控制系统的UPS独立。

(6)对于推进系统和动力系统,如果该系统的控制电源从UPS供电,则UPS的供电电源应来自各自冗余组。

(7)每个UPS电池的容量应至少支持30 min的操作,当出现充电故障时应发出警报。

1.3.5　控制系统与测量系统

1.一般要求

(1)除规范另有明文规定外,控制系统和测量系统还应符合规范其他篇章对自动化系统的适用要求。

(2)控制系统和测量系统包括下列设备和功能:
①DP控制系统;
②独立的联合操纵杆控制;
③推进器控制模式选择装置。

2.控制系统的布置

(1)对于DP-1附加标志,应设置DP控制系统和带自动首向控制的独立的联合操纵杆控制系统。

(2)对于DP-2附加标志,应设置两个独立的DP控制系统和一个带自动首向控制的独立的联合操纵杆控制系统。其中一个DP自动控制系统发生故障后,控制应能自动转换到另一个DP自动控制系统。

(3)对于DP-3附加标志,应设置三个独立的DP控制系统和一个带自动首向控制的独立的联合操纵杆控制系统。其中的两个DP自动控制系统应这样配置:一个发生故障,控制自动转移到另一个;第三个自动控制系统位于备用控制站,并能在主控制故障时,转换至备用控制。

(4)如果同时使用两个及以上的计算机系统,系统应有自检和比较功能,以便在探测到推进器、船位或首向指令等方面出现明显差别时发出警报。该功能应不危及每个系统的独立性或引起公共故障模式的风险。

3.DP自动控制

(1)DP控制系统应具备对推进器的自动操作模式,能实现对船位和首向的控制,并能独立地选择船位和首向的设置点。

(2)位于主DP控制站的DP控制系统应具有联合操纵杆操作模式。

(3)应能显示本船的相对或绝对位置及首向,包括和设定值之间的偏差。当船舶偏离设定的工作区域或首向时应发出听觉和视觉报警。

(4)DP的自动控制由计算机系统组成,包括一台或多台带有处理装置、输入/输出设备和存储器的计算机。

(5)计算机系统应执行探测故障的自检程序,当探测出严重故障时发出警报。

(6)计算机系统应与船上其他计算机和通信系统进行隔离以保证DP系统的完整性。该隔离根据具体设计可以通过硬件、软件或物理隔离来实现。

(7)对于DP-1附加标志,应满足下列要求:

①执行推进自动控制的计算机应向所有推进器发出有关螺距/转速和方位的指令,应把这些指令送到各个推进器控制装置;

②当自检程序探测出严重故障时,应停止计算机系统工作;

③当计算机停止时,应通过自动或手动的方法将转速/螺距归零;

④DP控制系统的计算机系统和工作站不要求冗余。

(8)对于DP-2附加标志,应满足下列要求:

①满足上述条款(7)中适用的要求。

②计算机系统应冗余布置,当一套计算机系统失效时,应能自动转换至冗余计算机系统控制,并发出警报。共用设备,如自检程序、数据传输及接口应不引起两个/所有系统失效。

③可选择一个计算机系统在线工作,其他的计算机系统作为热备用。计算机系统的转换应能通过手动和自动完成。如果检测到在网系统的故障,并完成了自动转换,则被替换下来的系统只有修复以后,并手动重新选择为在线系统或备用系统后才可用。

④当控制从一个计算机系统向另一个计算机系统切换时,DP操作应保持平稳,其变化应保持在可接受的操作范围内。

⑤以上要求同样适用于位于DP控制站的工作站。

⑥备用系统或与备用系统相连的位置参考系统或传感器系统中的任何一个出现故障时,也应发出警报。

⑦当计算机系统由三台或者更多数量组成时,可采用在线表决的方式决定故障计算机并进行自动切换。

(9)对于DP-3附加标志,应满足下列要求:

①应满足上述条款(8)中适用的要求;

②应额外设有一套备用DP控制系统,该系统位于和主DP控制系统以A-60级防火分隔隔开的舱室内;

③如主系统选用的是一个三联计算机系统,并满足备用系统的独立条件,则这些计算机中的一台可作为备用计算机;

④至少应有一个位置参考系统和一套传感器系统与备用系统相连接,并独立于主控制系统;

⑤在定位操作时,备用计算机系统应接收位置参考系统、传感器、推力反馈等输入而不断地更新,并且随时准备进行控制;

⑥备用计算机系统应和主DP控制系统的计算机系统进行实时通信,当检测到参数有明显差别或备用控制站未准备好进行控制时,应发出警报。

(10)对于DP-2和DP-3附加标志,计算机系统应包括至少满足以下要求的在线"结果分析"软件功能:

①应连续验证当出现最大单一故障时,在当前的环境条件下,船舶是否能保持其定位的能力,如剩余的推进器无法产生故障前所要求的合力和力矩而会导致船位偏移时应发出警报;

②应考虑最大单一故障后发电机组和推进器的可用功率对定位的影响,并应满足DP-2和DP-3配电板的布置要求;

③对于需长时间才能安全终止的操作,应具备在人工输入气候趋势的基础上模拟当最大单一故障发生后剩余推力及动力的能力;

④当采取其他形式的能源储存设施来作为DP系统冗余组时,例如采用电池系统为推进器供电,"结果分析"应考虑安全终止时间和能源储存装置持续时间的关系,"结果分析"报警的设置应低于可预期放电的时间;

⑤在线"结果分析"软件的运行状态应能在DP的工作站持续和清晰显示。

4.独立的联合操纵杆控制

(1)独立的联合操纵杆控制系统应能实现纵向推力、横向推力、转向力矩和这些推力分量的一切组合的控制。并且该系统应包括可选择的自动首向控制。

(2)独立的联合操纵杆控制系统应独立于DP控制系统,当DP控制系统出现任何故障时,仍能对所有推进器进行独立的联合操纵杆控制。

(3)独立的联合操纵杆控制系统出现任一故障时应报警。

(4)在独立操纵杆系统中,如出现任一故障会导致操作人员对推进器失去控制时,应将推进命令自动归零。如果故障仅影响一部分有限的推进器,对这些受影响的推进器其控制命令应自动归零,而此时保持其他未受影响的推进器仍处于操纵杆控制下。

5.推进器控制模式选择装置

(1)推进器在不同的控制系统(如推进器手动控制系统、DP控制系统、独立的联合操纵杆控制系统等)之间控制权限的转换,应能通过DP控制站的一个简易装置来选择,该装置可以是一个选择开关,或者为每个推进器设置独立的选择开关。

(2)在DP或者独立联合操纵杆模式下,模式转换装置应布置成在出现单一故障后,总是能够在DP控制站选择推进器的手动控制。

(3)对于DP-2和DP-3附加标志,模式选择装置的设计应保证单一故障不会导致所有推进器脱离自动操作模式,同时结果应不超出系统定义的最大单一故障。

(4)对于DP-3附加标志,应能在备用DP控制站将推进器控制权限转换至备用DP操作模式,并且当模式选择装置出现故障(电气故障、失火等)时,不会导致主或者备用DP控制同时失效。

6.位置参考系统

(1)位置参考系统应能为DP操作提供足够精确的船位数据,以满足相应作业的需求。

(2)对于DP-1附加标志,应至少安装两套独立的位置参考系统。

(3)对于DP-2和DP-3附加标志,应至少安装三套位置参考系统。对于DP-3附加标志,其中一套参考系统应连接至备用控制站,并以A-60级防火分隔与其他位置参考系统分开。

(4)应在DP控制站布置位置参考系统的人机界面,可以显示位置参考系统的位置信息和运行状态,并能进行必要的操作,该人机界面应独立于自动控制的工作站。对于DP-2和DP-3附加标志,人机界面的布置应满足对应的冗余要求,其中对于DP-2附加标志,应布置至少两套人机界面,对于DP-3附加标志,还应在备用定位控制站布置一套人机界面。

(5)对于DP-2和DP-3附加标志,位置参考系统的电源布置、信号传输和与DP控制系统的接口应该满足系统的冗余布置和分隔要求。

(6)各种形式的参考系统在作业时需要可以同时使用,并应至少采用两种不同的工作原理。对于DP-1附加标志,如采用同种形式的工作原理,设计需特殊考虑并应经CCS认可。

(7)应对位置参考系统的数据进行处理,当出现冻结、突变、波动或精度降低等异常情况时,应通过一定的方法剔除这些数据,并发出警报。本要求适用于所有在线的和处于备用状态的位置参考系统。

(8)位置参考系统的使用状态,如运行、在线、故障和被控制系统剔除等,应能清晰地指示。

(9)当选择/丢失一个或者多个位置参考系统时,推进器的输出不能明显变化。当丢失最后一个参考系统时,推进器的输出不能立即有明显变化。

(10)当使用声学位置参考系统时,应将水声监测器传输通道上的机械和水声干扰减至最小。

(11)当使用张紧索系统时,绳索和张力设备应适合海上环境。

(12)当来自位置参考系统的信号被船舶运动(横摇、纵摇)改变时,应对船位进行自动修正。

(13)应对位置参考系统的电气和机械功能,例如能源、压力和温度等进行监测,并应尽可能监测位置参考系统的故障。

7.传感器系统

（1）传感器系统应能为DP操作提供足够精确的首向和其他必要的数据，以满足相应作业的需求。

（2）传感器的配备应满足表1.4的要求。

（3）对于DP-2和DP-3附加标志，DP控制系统需要依赖于传感器的修正信号才能进行定位的，同种传感器需要至少三套系统。

（4）对于DP-3附加标志，每类传感器系统中的一套应直接和备用控制系统连接，并通过A-60级防火分隔与其他传感器分开。

（5）对于DP-2和DP-3附加标志，传感器系统的电源布置、信号传输和与DP控制系统的接口应该满足系统的冗余布置和分隔要求。

（6）应对传感器系统的数据进行处理，当出现冻结、突变、波动或精度降低等异常情况时，通过一定的方法剔除这些数据，并给出报警。本要求适用于所有在线的和备用状态的传感器系统。

（7）传感器系统的使用状态，如运行、在线、故障和被控制系统剔除等，应能清晰地指示。

（8）应对传感器系统的电气和机械功能，例如能源、压力和温度等进行监测，并应尽可能监测传感器系统的故障。

1.4 DP系统可靠性与安全性问题

在2级和3级的DP等级下，尽管IMO和各国船级社的规范要求任何单一故障均不得导致位置损失，然而非常遗憾的是，由活动部件的单一故障导致位置丢失的事故经常发生，这可以用存在于DP船舶生命周期的不同阶段的不同故障因素来解释。

首先，FMEA不是足够可靠的分析，无法识别和消除所有相关的单一失效模式。需要指出的是，FMEA存在一些重要的局限性。如它考虑了单一故障引起的危险，而无法识别由故障组合引起的危险。此外，实际的系统功能可能会被忽略，而当在每个子系统中单独审查故障模式时，子系统之间的相互作用不会在FMEA中进行评估。因此，在DP船舶的风险评估工作中需要新的失效模式分析方法。新方法应能识别由多个子系统组成的复杂系统中的所有相关故障模式，特别是在需要高度冗余的情况下。此外，可靠性并不等同于安全性。根据设计目标评估实际系统功能是至关重要的，即使规范和DP分级侧重于部件故障、单一故障等。

其次，在安装、调试、操作或维护过程中，会由于某种操作错误或不足引入额外的漏洞。与维修活动相关的故障是导致事故的主要原因之一。与维修活动不足相关的事故和事件，其中大多数反映了维修检查制度的问题，例如维修工作中建议的纠正措施的后续行动不足。一些事故和事件表现为缺乏以资产管理计划为核心的最优维修计划，以避免复杂系统中同时发生的故障模式。此外，缺乏串靠输油、应急反应和新装置方面的程序/培训也是事故发生的原因之一。关于人员培训,各组织需要确保关键人员具备所需的技能和知识,建议安排后续活动。

再次,DP位置丢失事故还涉及不同人员的过失行为和不同组织的失误。这强调了有关各方对涉及DP系统的海上作业的安全管理都负有明显的责任。

总的来说,MTO分析的结果表明,开发以DP系统事故风险为重点的屏障管理迫在眉睫。近年来,石油工业对防止重大事故的屏障给予了极大关注,并致力于建立风险模型。特别是使用屏障,这是应对装置火灾和爆炸相关的风险开发的最好方法,但DP系统的风险建模方法仍有待发展。

第2章 控制系统可靠性定义

2.1 控制系统失效

当一个设备(系统、单元、模件或者部件)没有完成预定的功能时,就称其发生失效。控制系统的失效可能导致巨大的经济损失和严重的事故。为了避免控制系统失效,我们应该研究其发生失效的原因,一旦了解了失效的原因,就可以改善系统的设计。

出于安全性与可靠性的目的,我们仔细考察了系统所有的层次,并定义了四个层次。系统是由一些单元组成的。如果系统是冗余的,就会使用多个单元,而非冗余的系统则使用了一个单元。单元是由模件组成的,而模件是由元件组成的。可靠性与安全性分析的各个层次如图2.1所示。

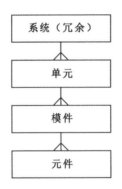

图2.1 可靠性与安全性分析的各个层次

许多实际的控制系统正是由这种方式构成的。尽管系统结构可以用其他方式进行定义,但这些层次在分析安全性与可靠性时是最佳的,对于容错系统的分析尤为如此。

2.1.1 失效类型

一些控制系统供应商和用户在ISA标准会议上曾就控制系统失效问题进行讨论,并提出了一系列的失效源和失效类型,具体内容如下:

(1)湿度;

(2)软件缺陷;

(3)温度;

(4)电源干扰;

(5)系统设计错误;

(6)静电释放(ESD);

(7)电池耗尽;

(8)导线断裂;

(9)由腐蚀导致的开路;

(10)元件随机故障;

(11)维修人员的失误;

(12)射频干扰(RFI);

(13)运行员开关操作错误;

(14)振动;

(15)不恰当的接地;

(16)组态下载错误;

(17)替换错误;

(18)元件制造错误;

(19)软件版本安装错误。

失效分为物理失效和功能失效。如图2.2所示为失效类型。

物理失效通常称为随机失效,并在许多情况下,被认为是真正的失效。当模件中一个或者多个元件失效时,就称为物理失效。物理失效总是永久性的,并且与某个元件或者模件有关。

当系统的所有物理元件都在工作,但系统没有完成其功能时,这种失效就称为功能失效。发生功能失效的原因是不确定的,通常要求系统完成某个异常的功能或者系统收到从未测试过的某些输入数据时,失效才会发生。大多数的功能失效是由设计缺陷造成的。从本质上说,功能失效可能是长期的也可能是转瞬即逝的。

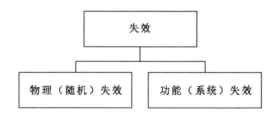

图2.2 失效类型

2.1.2 失效源

物理失效和功能失效对于控制系统的安全性与可靠性分析都极具重要性。我们需要失效信息来帮助决策如何避免发生失效。"失效源"一词用来代表失效产生的原因,即"死因"。该信息包含所有对系统产生应力的因素。失效源可能是导致失效应力增加的因素,也可能是导致强度下降的因素。失效源/故障类型的分类见表2.1。

表2.1　失效源/故障类型的分类

项目	类型
湿度	失效源
软件缺陷	功能失效
温度	失效源
电源干扰	失效源
系统设计错误	功能失效
静电释放	失效源
电池耗尽	物理失效
导线断裂	物理失效
由腐蚀导致的开路	物理失效
元件随机故障	物理失效
维修人员的失误	失效源
射频干扰	失效源
运行员开关操作错误	功能失效
振动	失效源
不恰当的接地	失效源
组态下载错误	功能失效
替换错误	功能失效
元件制造错误	失效源
软件版本安装错误	功能失效

许多不同的因素可以单独或者共同导致故障的发生。以湿度为例,湿度的存在能导致失效吗? 不,正常情况下,湿度不是失效的直接原因。在许多电子控制器模件的说明书中提到,在非凝结情况下,当湿度为10%~90%,模件都正常工作。但是,湿度的确加速了侵蚀的化学过程。腐蚀严重的电气触点最终会发生故障。那么,湿度是失效的原因吗? 不是,腐蚀才是导致失效的应力源,湿度仅仅是加速了这个过程。再来看一个湿度超过技术规范的例子:水滴进入电子控制器后导致其发生故障,显然,这种情况下的湿度就是失效源。

对于系统而言,失效源既有内部的,也有外部的,如图2.3所示。内部失效源通常会减少应力耐受强度,包括设计缺陷(产品)和制造缺陷(过程)。故障可以发生在任何层次,如元件、模件、单元和系统中。外部失效源增加了应力,它包括环境原因、维修故障和操作故障。

1.设计缺陷

设计缺陷是导致功能失效的主要原因。在一些失效中,设计人员不理解怎样使用系统,有时候不能考虑到全部可能的输入情况。从事系统不同部分工作的设计人员,可能不完全理解整个系统,所以在元件设计、模件设计、单元设计和系统设计时都可能出现这种情况。如果设计人员不理解环境(应力的级别)和系统的约定用法,就很容易发生设计缺陷(强度不足)。

避免设计缺陷的主要手段是请资深专家认真对其检查。有多种设计检查技术正在使用,其中包括一种外部评审过程,由第二方(而不是设计人员)向评审人员描述设计。其他技术包括雇用专门寻找设计缺陷的有经验的技术人员来查找设计缺陷等。

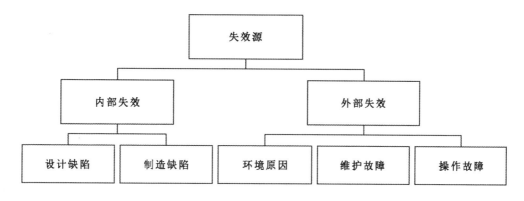

图2.3　失效源类型

2.制造缺陷

在制造元件、模件、单元和系统的过程中,某一步发生错误就会导致制造缺陷。许多的制造缺陷会降低产品的强度,导致产品质量下降,并且更容易使产品受到失效应力源的影响从而减少使用寿命。好在许多缺陷可以通过加速试验技术检测出来。这些技术包括温度上升试验、温度循环试验(快冷和快热)、电压上升试验及高湿度试验。

其他的制造缺陷包括印刷电路板上坏的焊点,装反的部件,部分缺失或者过度扭曲的螺钉。制造缺陷甚至包括最基本的原材料问题,例如用于制造集成电路的晶格不完整。

3.环境原因

控制系统是工业环境中常使用的系统,存在许多会导致失效发生的因素。湿度可以导致失效,同时,温度也会加速许多导致失效的化学过程,其中包括腐蚀、扩散、氧化及蒸发过程。除了湿度和温度外,还存在许多其他的工业失效源。

环境失效源对于产品来讲属于外部失效,可能同时存在化学、电气以及机械因素。环境源导致的失效率会随着产品设计的不同而不同。一些产品在设计时就考虑到承受更大的环境应力,因此具有更高的耐环境强度,不会频繁发生故障。

环境失效并不完全是系统级的设计错误,通常情况下,如果设计的强度比预期环境的应力高,那么该失效就属于环境失效,而不属于设计失效。

温度和湿度是环境失效源,它们通过两种方式影响失效率:

(1)当它们的幅值超过设计的限值时,就会造成直接失效。

(2)温度和湿度也可以加速其他失效的发生。许多化学和物理过程以温度的指数函数发生变化。环境越热,变化越快。潮湿会影响其他的失效源,并加速腐蚀过程,也会传导静电,从而对设备造成损坏。外部环境失效源如图2.4所示。

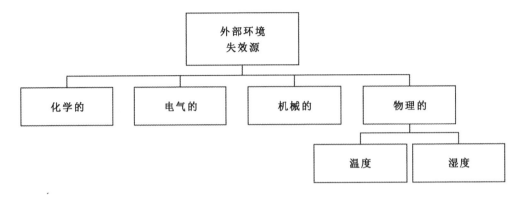

图2.4　外部环境失效源

4.维修故障

错误的维修过程会导致失效。由于维修活动关系人员的可靠性问题,它受很多因素的影响——系统复杂性,系统可维修性(简单明了),维修人员的状态、对系统的熟练程度及时间压力。与操作失效率一样,维修失效率也很难估计。我们应以现场数据为基础,通过检查过去的工厂维修日志对失效率进行估计;也应该将以上因素考虑在内,并根据经验将其作为调整因子。

5.操作故障

任何允许操作员指挥运行的系统都可能由于错误的指令而发生失效。在作业事故报告中,列入了许多操作员错误。操作员错误受系统复杂性、人机界面的设计(简单明了),对系统的熟练程度、操作员的状态(疲劳、厌烦等)及仪表可靠性的影响。生产压力也可以诱发操作员错误。操作员错误涉及太多的因素,所以很难估计操作失效率,不过用于定量分析的理论模型确实存在。我们应以现场数据为基础,通过检查过去的工厂维修失效日志对失效率进行估计。将失效次数除以小时数来计算失效率,同时估算出相应的系统复杂性并将其作为调整因子。

现在很多公司对过程控制系统设备的失效进行详细记录,这一信息有望成为提供高可靠性和安全统计数据的来源。许多种故障信息存储在这些数据库中,其中有设备类型、制造商、模件号、序列号、失效类型(物理或功能)、主要应力源和次要应力源(失效源)、运行时间、上次检查时间及需要的维修时间。尽管不是所有的信息都能够得到,但是其未来的价值就在此体现。

一些公司利用这些数据将失效与工厂的运行状态联系起来,通过检查这些失效数据来制定预防失效的措施。一个好的故障数据库可以减少错误警报、正确识别实际发生故障的设备、扩大担保的范围以及在对安全性要求极高的系统中减少检查时间。

2.1.3 应力与强度

当某些形式的应力超过与之对应的产品的强度时,失效就会发生。这一概念很容易被理解,并且被广泛应用于机械工程领域,以此选择元件材料的尺寸和类型。机械工程师处理由物理力构成的应力,而相应的机械强度就是元件抵抗这一力量的能力。

在控制系统安全性和可靠性分析中,还存在许多其他类型的应力。这些应力由许多应力源所合成,它们有很多形式,如化学腐蚀、电压/电流、机械振动/冲击、温度、湿度,甚至还有人为的错误。所有的外部失效源都是应力源。

一个具体设备的强度是其设计和制造的结果。不同设计参数和保护元件的选择决定了产品最初的强度。如果制造中完全复制产品,那么每个设备的强度将与设计完全相同。原材料和制造过程中的缺陷将以不同形式降低产品的强度。内部失效源会影响产品的强度。

1. 应力

应力会随着时间而改变。比如考虑温度导致的应力,温度每天都会在一定程度上发生周期性的变化,并且明显地随着季节而变化。因此,另一个周期性的变化叠加到每天的变化上。另外,还有很多随机性因素影响温度,如风、云和当地的热源。有些如火灾和爆炸这样的热源会导致温度突然上升。当我们从整体上考察温度时,应力的大小只能表示为随机变量。

许多独立的参数会影响温度,每个原因都以不同的方式影响温度,其特点可用概率密度函数来表示。假设有很多独立的原因,由中心极限定理可知,环境温度的概率密度函数是正态分布的,任何具体的温度分布的概率都取决于由其均值和标准差表示的正态分布,如图2.5所示。

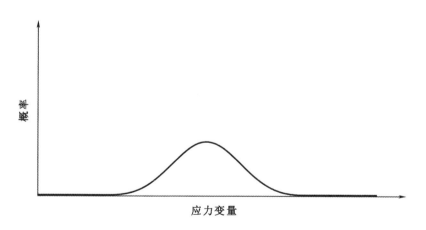

图2.5 正态分布的应力

在评价导致失效的应力的大小时,必须确定应力低于特定值的概率,它由逆应力的累计分布函数表示,如图2.6所示。

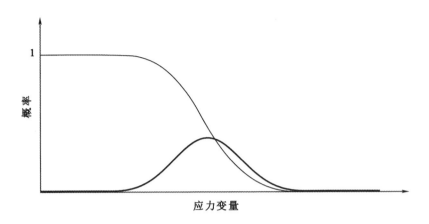

图2.6 逆应力的累计分布函数

2. 强度

产品的强度是其设计和制造的结果。设计产品使其在生命周期中达到一定的强度水平。对于元件级以上的各个级别,我们设计制造过程的目的是复制产品。如果制造过程很完美,产品的强度将始终保持一致。

将应力低于特定值的概率曲线与一个阶跃函数画在同一图中,以此表示强度的累计分布函数。阶跃变化发生在设备的已知强度处,图2.7为逆应力的累计分布函数与等应力强度的累计分布函数,其中的阴影区域表示失效(应力大于强度)概率。

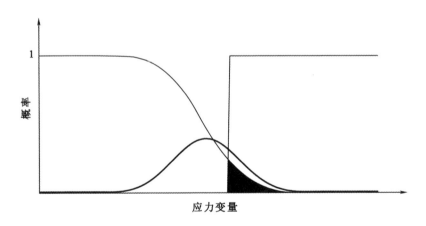

图2.7 逆应力的累计分布函数与等应力强度的累计分布函数

有时代表失效率大小的区域可以计算出来。当许多应力级别中的任何一个超过相关的强度时就会发生故障。应力的级别定义为变量x,强度的级别定义为y,强度比应力多出的部分用变量w表示:

$$w = y - x \tag{2.1}$$

式中,当$w > 0$时,模件正常;当$w < 0$时,模件故障。

应力曲线和强度曲线交叉的区域代表失效率。当设计人员使用更大的安全性因子(平均强度和平均应力之差)时,这片区域就会减少。

给定具体的应力与强度关系之后,通过仿真就可以得到模件随时间的变化而发生失效的数量。使用正态分布的应力和恒定的强度就可以完成仿真。

3.强度变化

实际的制造过程并不是理想的,而且新制造出来的产品在强度上是不相同的。用来制造元件的原材料每批都不一样;元件的制造过程也不尽相同;在不同地点,元件的制造过程不同,质量控制的程度也会有所差异。所有这些对强度的影响都符合某种概率密度分布。在中心极限定理的支持下,它服从正态分布。

强度会随着时间发生变化。很多情况下,强度会随着产品的使用而降低,因此,故障发生的可能性会增加,失效率也会增加。尽管在极少的情况下,产品的强度会随着时间增加而升高,但是,绝大多数的强度因子是随着时间的增加而降低的。

2.2 可靠性指标

在统计学中,随机变量是一个独立变量,是人们所关心的变量。取随机变量的样本,对其进行统计计算,以便预测系统未来的行为。在可靠性工程中,主要的随机变量是 T ——失效前时间或者失效时间。可靠性工程师收集有关失效时间和失效性质的数据,用来预测系统未来的性能。

表2.2记录了10个模件的失效前时间,也就是模件的实验寿命。我们可以通过这个表计算出样本的平均失效前时间。对于该实验,样本的平均失效前时间为3 248 h。

表2.2 10个模件的寿命实验结果

模件	失效前时间/h
1	2 326
2	4 017
3	4 520
4	3 177
5	71
6	3 843
7	3 155
8	2 016
9	5 144
10	4 214

2.2.1 可靠性

可靠性是系统能够正常工作的指标。可靠性一般定义为:系统在设计技术规范之内,

能够完成预定功能的概率。这个定义包含以下要点:

(1)必须预先知晓设备的预定功能。

(2)必须判断什么时候需要设备完成它的功能。

(3)必须确定满意的性能是什么。

(4)必须已知所规定的设计技术规范是什么。

要定义一个设备是正常的还是失效的,必须明确以上要点。

在数学上,可靠性有一个严格的定义:在 $0 \sim t$ 的时间内,设备正常工作的概率,用随机变量 T 来表示:

$$R(t) = P(T > t) \tag{2.2}$$

式中,$R(t)$ 为可靠性,可靠性等于系统运行时失效时间大于 t 的概率。

考虑一个新制造出来并且成功地通过了测试的元件,在 $t=0$ 时将其投入运行。随着时间的增加,能保持正常工作的元件就会逐渐减少,因为元件最终会发生失效。当时间趋于无穷时,正常工作的概率就会趋于零。因此,可靠性函数始于概率为1的点,而止于概率为零的点,如图2.8所示。

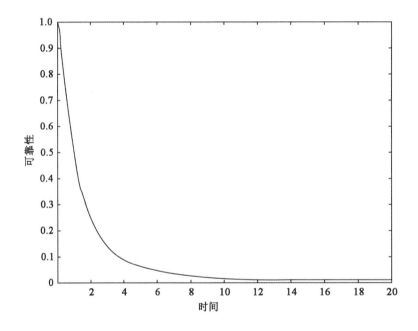

图2.8 可靠性函数

可靠性是工作时间的函数。"系统的可靠性是0.95"这一说法没有意义,因为不知道时间的间隔是多少。因而,"在工作了100 h之后的可靠性是0.98"才是有意义的说法。

可靠性是一个相对比较严格的指标,通常应用在航空航天等一些不可维修的情况下。在这些情况下,系统必须无失效地连续工作。而工业系统通常是可维修的,对于这类可维修的系统,人们更关心的是另一个指标——可用率或者平均失效前时间。

2.2.2　不可靠性

不可靠性是系统不能正常工作的一个指标,它的定义为在 $0 \sim t$ 的时间间隔内,设备失效的概率,采用随机变量 T 表示:

$$F(t) = P(T \leqslant t) \tag{2.3}$$

不可靠性等于系统运行失效时间小于或等于 t 的概率。由于任何元件只有正常和失效两种状态中的一种,因此,$F(t)$ 是 $R(t)$ 的补函数。

$$F(t) = 1 - R(t) \tag{2.4}$$

式中,$F(t)$ 是一个累计分布函数,它始于 0 而止于 1。

2.2.3　可用率

可靠性是要求系统在整个时间间隔上正常工作的一个指标,不允许失效(也不允许维护)。对于那些需要知道一个可维修系统能够正常工作的可能性来说,这个指标还远远不够,需要另一个表示可维修系统正常工作特性的指标(可用率),如图 2.9 所示。

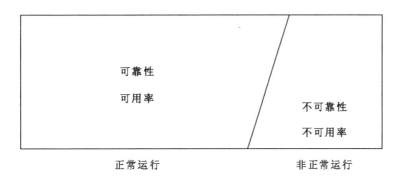

图 2.9　正常运行与非正常运行

可用率的定义为:一个设备在时刻 t 能够正常工作的概率,它不包含时间间隔,采用随机变量 A 表示。如果一个系统正在工作,那么它就是可用的。至于它过去是否发生失效,以及是否被维修,还是一直工作到时刻 t 而没有发生失效,这些都是无关紧要的。可用率是一个系统、单元或模件能够正常运行的度量。

可用率和可靠性是不同的,可靠性始终是运行时间和失效率的函数,它会随着时间的递减由 1 变为 0。而可用率是失效率、维修率、运行时间的函数。但可用率作为运行时间的函数会达到一个稳态值,这个稳态值仅与失效率和维修率有关。一个可维修模件的可靠性和可用率曲线图如图 2.10 所示。

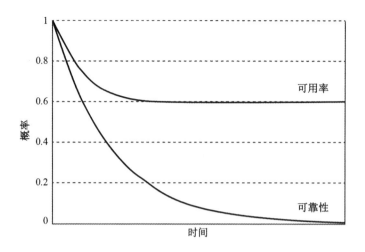

图 2.10　可靠性与可用率曲线图

2.2.4　不可用率

不可用率是一种失效指标,主要用于可维修系统。它的定义为:在任何时刻 t,一个设备不能正常工作的概率。不可用率是可用率的补函数,为

$$U(t) = 1 - A(t) \tag{2.5}$$

2.2.5　失效率

在系统运行时间中的任何一段时间里,发生失效的概率由概率密度函数所给出。概率密度函数定义如下:

$$f(t) = \frac{\mathrm{d}F(t)}{\mathrm{d}t} \tag{2.6}$$

概率密度函数在数学上可以通过随机变量 T 导出,

$$\lim_{\Delta t \to 0} P(t < T \leqslant \Delta t) \tag{2.7}$$

该式可以解释为失效时间 T 发生在工作时间 t 和下一个工作时间即 $t + \Delta t$ 之间的概率。

失效概率密度函数可以用来计算任何时间段中的失效概率。例如,在工作时间为 2 000 h 和 2 200 h 之间的失效率为

$$P(2\,000, 2\,200) = \int_{2\,000}^{2\,200} f(t)\mathrm{d}t \tag{2.8}$$

2.2.6　平均失效前时间（MTTF）

平均失效前时间(mean time to failure,MTTF)是使用最广泛的可靠性参数之一,是一个期望的失效前时间,同时它是按照期望值的统计定义值而定义的。

$$E(t) = \int_0^{+\infty} tf(t)\mathrm{d}t \tag{2.9}$$

将式

$$f(t) = -\frac{\mathrm{d}[R(t)]}{\mathrm{d}t} \tag{2.10}$$

代入式(2.9),可得:

$$E(t) = -\int_0^{+\infty} t\mathrm{d}[R(t)] \tag{2.11}$$

采用分布积分法:

$$E(T) = [-tR(t)]_0^\infty - \left[-\int_0^{+\infty} R(t)\mathrm{d}t \right] \tag{2.12}$$

上式中,前一项为0,仅保留后一项,即

$$\mathrm{MTTF} = E(t) = \int_0^{+\infty} R(t)\mathrm{d}t \tag{2.13}$$

因此,在可靠性理论中,MTTF的定义是可靠性函数的无穷积分。值得注意的是,MTTF的定义并没有提及失效率的倒数。根据定义,

$$\mathrm{MTTF} \neq \frac{1}{\lambda} \tag{2.14}$$

2.2.7　平均修复时间（MTTR）

平均修复时间(mean time to repair, MTTR)是随机变量修复时间的期望值,而不是故障时间的期望值。该定义包括检测故障发生所需要的时间及检测和判断故障之后所需要的时间。同MTTF一样,MTTR也是一个平均时间,只用于可维修系统。图2.11中MTTF表示从正常运行到不正常运行所经历的时间,而MTTR则表示由不正常运行到正常运行所经历的时间。平均停机时间(mean down time, MDT)是另一个常用的术语,它的定义与MTTR相同。

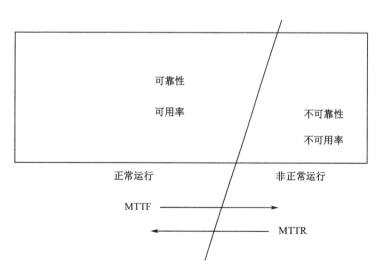

图2.11　运行中的MTTF与MTTR

2.2.8 平均故障间隔时间（MTBF）

平均故障间隔时间(mean time between failures,MTBF)是一个仅用于可维修系统的术语。与 MTTF 和 MTTR 一样,MTBF 是一个平均值,是两次故障之间的时间。它意味着如果一个部件发生了故障,那么它就要修复,在数学上表示为

$$\text{MTBF} = \text{MTTF} + \text{MTTR} \tag{2.15}$$

图 2.12 表示了 MTTF、MTTR 与 MTBF 之间的关系。

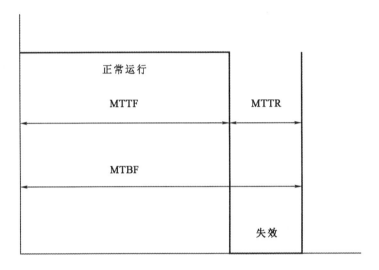

图 2.12　MTTF、MTTR 与 MTBF 之间的关系

MTBF 经常被误用。由于 MTTR 远小于 MTTF,MTBF 约等于 MTTF,因此,MTBF 经常代替 MTTF,而后者既可以应用于可维修系统,又可应用于不可维修系统。

2.2.9 失效率

瞬时失效率,又称危险率,反映一批受测元件单位时间的失效率。

$$\lambda(t) = 单位时间内的失效数/受测元件总数 \tag{2.16}$$

失效率的单位是时间的导数。实际上经常使用的是"每 10^9 h 的失效数"。这个失效率单位被称为 FIT。例如,一个集成电路每 10^9 h 出现 7 次失效,那么,它的失效率是 7 FIT。

失效率函数与其他的可靠性函数有关,可表示如下:

$$\lambda(t) = \frac{f(t)}{R(t)} \tag{2.17}$$

在可靠性工程领域中,一个很有用的概率密度函数是指数式的,其分布如下:

$$f(t) = \lambda \mathrm{e}^{-\lambda t} \tag{2.18}$$

对上式积分可得:

$$F(t) = 1 - e^{-\lambda t} \tag{2.19}$$

而

$$R(t) = e^{-\lambda t} \tag{2.20}$$

失效率为

$$\lambda(t) = \frac{f(t)}{R(t)} = \frac{\lambda e^{-\lambda t}}{e^{-\lambda t}} = \lambda \tag{2.21}$$

也就是说,如果一组模件具有指数衰减规律的失效概率,那么,它们的失效率是常数。常数失效率是许多种产品的特性。正如应力-强度模拟中所见到的,常数强度和随机应力是相当一致的。另外一些产品呈现出衰减的失效率。然而,在这种情况下,常数失效率代表了最坏的情况,但仍然可以使用。

具有指数形式概率密度函数的元件,MTTF可由其定义推得:

$$\text{MTTF} = \int_0^{+\infty} R(t) \mathrm{d}t \tag{2.22}$$

代入指数形式的可靠度函数

$$\text{MTTF} = \int_0^{+\infty} e^{-\lambda t} \mathrm{d}t \tag{2.23}$$

对上式积分可得:

$$\text{MTTF} = -\frac{1}{\lambda} \left[e^{-\lambda t} \right]_0^{\infty} \tag{2.24}$$

当 $t \to \infty$ 时,指数式部分的值为0,而 $t=0$ 时它的值为1,代入式(2.24),得到

$$\text{MTTF} = -\frac{1}{\lambda}(0 - 1) = \frac{1}{\lambda} \tag{2.25}$$

式(2.25)适用于具有指数式概率密度函数的某个元件,或者是由这些元件所构成的系统。

一组模件多半会对各种应力产生敏感反应,包括化学的、机械的、电气的、物理的。一开始制造出来的模件,其强度将会随着时间而改变,而且以不同的速率改变,当由这些不同的失效引起的失效率叠加在一起时,就形成了所谓的浴盆曲线,如图2.13所示。

在生命周期开始,这一组模件的失效率会下降。当制造缺陷被剔除以后,失效率就会稳定了。如果模件的设计缺陷很少且强度很高时,这个阶段的失效率就会很低。随着模件物理资源的消耗或者其他强度降低的情况发生,失效率就会增加(有时会非常迅速),形成浴盆曲线的右侧(有很多种不同的浴盆曲线)。在某些情况下,不存在磨损区。某些模件几乎没有制造缺陷,那么在制造测试过程中就检测不到这些缺陷,因此,这些模件就没有失效率下降区。

另一种失效率曲线被称为滑道曲线。在一组模件中会集中出现不同的制造缺陷,这些制造缺陷在不同的时间里导致失效的发生。许多缺陷通过检测或试验得以消除,这样,失效率曲线看起来就像滑道一样,如图2.14所示。

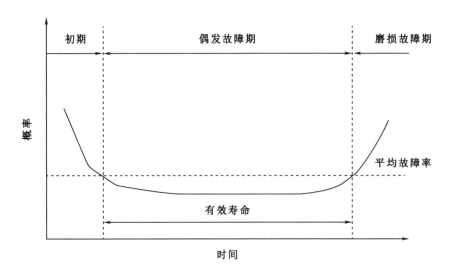

图2.13 浴盆曲线

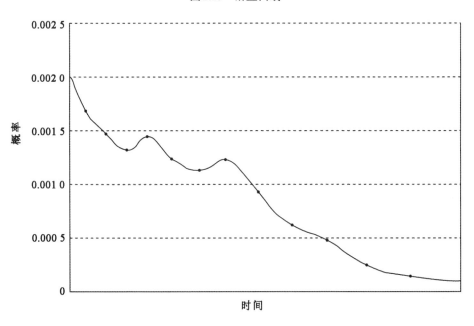

图2.14 滑道曲线

2.2.10 不可修复系统与可修复系统的可靠性特征量

不可修复系统的可靠性特征量包括:

(1)瞬时的/与时间相关的指标

——可靠性 $R(t)$;

——不可靠性 $F(t)$;

——规定时间的单个状态概率 $P(t)$;

——规定时间的失效频率 $v(t)$；

——在时间 t 对特定状态的访问频率 $v_i(t)$；

——特定时间的生产能力/回报 $C(t)$。

(2)稳态和渐近指数

——在进入失效(无过渡)状态前预期花费在某特定状态的时间；

——平均首次失效前时间 MTTFF 或平均失效前时间 MTTF。

可修复系统的可靠性特征量包括：

(1)瞬时的/与时间相关的指标

——可靠性 $R(t)$；

——规定时间的可用率 $A(t)$；

——规定时间的不可靠性 $U(t)$；

——规定时间的单个状态概率 $P(t)$；

——规定时间的失效频率 $v(t)$；

——在时间 t 对特定状态的访问频率 $v_i(t)$；

——特定时间的生产能力/回报 $C(t)$。

(2)独立时间指标

——稳态可用度 A；

——稳态失效频率 v；

——平均故障间隔时间 MTBF；

——平均修复时间 MTTR。

第3章　控制系统可靠性建模

3.1　概述

一般来说,系统是彼此连接完成规定功能单元的一种组合。在组合的最高层,系统可由一些单独的设备组成,每个设备设计完成规定的功能,如独立单元。在组件的最底层,可供选择的系统,可以是为下一个组件级最高层次提供输入功能的单独的电子部件,和/或机械零件的一种组合。显然,在这两种情况之间的产品的任一种组合都可以构成一个系统,因此,有必要在所考虑的情况下明确定义系统的边界。如果一个系统在某一时刻能够完成它的功能,那么,将继续获得能力直至部件(或零部件组合)的工作特性变化到不能再达到规定功能的程度。因此,系统的可靠性取决于:部件和零件的数量;零部件以相互连接的方式完成系统功能;单个部件的可靠性。

为了预计系统的可靠性,必须建立这些要素之间的联系。

3.2　系统与部件/零件的关系描述

要建立一个系统的可靠性模型,首先必须确定组成该系统的一些产品之间的可靠性关系。表示系统内的这种可靠性关系的常用方法是可靠性框图(reliability block diagrams,RBD)。

RBD是按单一和可视的方式表示系统中系统和产品之间可靠性关系的一种方法,也可视为系统失效/成功定义的模型,无须涉及部件及分单元的物理连接。

如果必须完成几个功能或经历几个不同的工作状态,那么一个系统可能需要一个以上的RBD。实质上,RBD必须对系统考虑的规定功能表示出所需的输入输出流程,且RBD模仿的事件彼此之间必须完全独立。

一个RBD实例如图3.1所示,假设系统及其组成部分的单元都处于功能正常或功能失效的状态。每个单元都可看作一个开关,当功能正常时是闭合的,当功能失效时是打开的,只有当输入输出结点之间存在通路时系统才起作用。因此,图3.1所示的系统至少在以下状况时将不起作用:

(1)单元A失效,或;

(2)单元B或C失效,与

——且单元D失效,与

——且单元E失效。

按照布尔符号表示法,可以写成:$f = a + (b + c) \cdot e \cdot d$,即一个RBD可以构成三种连接的典型组合:

(1)串联(如图3.1中B和C);

(2)并联(或工作)冗余单元(如图3.1中B和D或C和D);

(3)备用(或被动)冗余单元(如图3.1中D和E)。

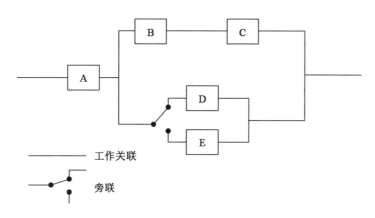

图3.1 RBD实例

从图3.1中可看出,单元A、B、C能够完成所需的系统功能。然而,同时工作的单元D包括系统在内,作为帮助完成系统功能的一种备选方式,被记作并联(或工作)冗余。单元E也提供一种备选方式,但是在需要之前保持不起作用,被称作备用(或被动)冗余。

由于确定了系统中各单元的功能关系,系统可靠性可由单个单元的可靠性组合来预计。系统中每个单元的可靠性进行系统可靠性预计的表达式,可以用多种方法来完成。然而,根据如下情况,只使用两种非常有效的方法。

如果X、Y是两个相互独立的事件,发生概率分别为$P(X)$,$P(Y)$,则两个事件同时发生的概率$P(XY)$是一个乘积,为

$$P(XY) = P(X) \cdot P(Y) \tag{3.1}$$

如果事件X、Y是互相排斥的事件(在一个事件发生时,另一个事件不发生),则或X或Y发生的概率为

$$P(X) + P(Y) \tag{3.2}$$

如果事件X、Y是独立的事件(不互相排斥),则或X或Y,或X和Y发生的概率为

$$P(XY) = P(X) + P(Y) - P(X) \cdot P(Y) \tag{3.3}$$

显然,这些规则可以扩展到任意个数的事件应用。然而,备用冗余情况是个例外。在备用冗余情况下,必须考虑到相关性,因为备用元件的失效时间分布与其他元件的状态有关,RBD不能处理连续失效。

3.2.1 串联组合

如图3.2所示的串联结构,如果失效率为常数,则系统的可靠性为

$$R_S(t) = R_A(t) \cdot R_B(t) = e^{-\lambda_A t} \cdot e^{-\lambda_B t} = e^{-(\lambda_A + \lambda_B)t} \tag{3.4}$$

因为这种方法可以扩展到任意个数的单元,所以串联结构的一般表达式为

$$R_S(t) = R_A(t) \cdot R_B(t) = e^{-\lambda_A t} \cdot e^{-\lambda_B t} = e^{-(\lambda_1 + \lambda_2 + \cdots + \lambda_N)t} \tag{3.5}$$

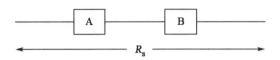

图3.2 串联结构

3.2.2 并联（或工作）冗余组合

如图3.3所示,并联(或工作)冗余组合的最简单情况是在两个单元组成时,两个单元能单独地完成规定功能。

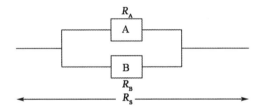

图3.3 并联（或工作）冗余结构

假设单元的失效是独立的(即任何一个单元的失效不影响其他单元的状态),则系统可能有以下四种状态:

(1)A和B工作——系统工作;

(2)A失效,B工作——系统工作;

(3)A工作,B失效——系统工作;

(4)A和B失效——系统失效。

因为只有一种失效状态,根据系统的失效概率(F_S)计算R_S是比较容易的,R_S由$1 - F_S$得到

$$F_S = F_A \cdot F_B = (1 - R_A) \cdot (1 - R_B) = 1 - R_A - R_B + R_A R_B$$
$$R_S = 1 - F_S = R_A + R_B - R_A R_B \tag{3.6}$$

可得

$$R_S(t) = e^{-\lambda_A t} + e^{-\lambda_B t} - [e^{-\lambda_A t}][e^{-\lambda_B t}] \tag{3.7}$$

即

$$R_S(t) = e^{-\lambda_A t} + e^{-\lambda_B t} - e^{-(\lambda_A + \lambda_B)t} \tag{3.8}$$

3.2.3 备用（或被动）冗余组合

备用（或被动）冗余组合的最简单情况如图3.4所示，它包含一个完成系统功能的工作单元和一个第一个单元失效才工作，以完成系统功能的被动单元。

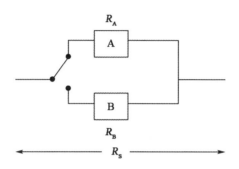

图3.4 备用（或被动）冗余结构

假设如下：

（1）只有在A失效时，B的工作失效率才能用；

（2）B投入使用的任何一个开关装置是没有故障的；

（3）B的被动失效率为零；

（4）失效率均为常数。

于是在时间间隔t内，有以下三种可能的结果：

（1）A继续使用到时间t——系统正常；

（2）A继续使用到时间t_A，且B继续使用到时间$t - t_A$——系统正常；

（3）A和B在时间t之前失效——系统失效。

系统的可靠性R_S由下式得到：

$$R_S(t) = \frac{\lambda_B \cdot e^{-\lambda_A t}}{\lambda_B - \lambda_A} + \frac{\lambda_A \cdot e^{-\lambda_B t}}{\lambda_A - \lambda_B} \tag{3.9}$$

式中，λ_A为A的工作失效率；λ_B为B的工作失效率。

若A与B是完全相同的单元，也可以表示为

$$\lambda_A = \lambda_B = \lambda$$

则有

$$R_S(t) = e^{-\lambda t} \cdot (1 + \lambda t) \tag{3.10}$$

虽然系统的可靠性仍可以计算，但是冗余相当复杂，而且方块在RBD中出现的次数为一次以上，此时，需要使用贝叶斯定理。

3.2.4 组合的可靠性（可修复）

前面章节中介绍的一般原理方法仅适用于不维修的系统（即在工作任务周期的任何期间内失效后，不可能修复到无故障状态的系统），对于一个可修复的系统，要考虑到系统维修性及可用性,因此,计算所需要的系统功能可靠性的方法必须修改。就此而论,可修复是指在工作任务周期内可修复。

按照定量术语,维修性和可用性的定义如下:

(1)维修性

维修性指产品在规定的条件下和规定的时间内,按规定的程序和方法进行维修时,保持或恢复到规定状态的能力。维修性的概率度量亦称维修度。最有用的维修性度量是定量的平均停机时间(MDT),MDT包括了管理及除设计者控制之外的其他后勤保障的延误。

(2)可用性(稳定状态)

可用性指产品在任一随机时刻需要和开始执行任务时,处于可工作或可使用状态的程度。可用性的概率度量亦称可用度。

若用MTTF确定可靠性,用MDT确定维修性,则系统的固有可用度(即可设计的值)以最简单的形式给出:

$$A = \frac{\text{MTTF}}{\text{MTTF} + \text{MDT}} \tag{3.11}$$

这个可用度(稳定状态)表达式是建立在许多假设基础上的,包括:

①除失效时,系统是连续工作的;

②任何失效一经发生,能立即检测出来;

③工作任务周期大于MTTF和MDT的值,所有系统可看作处于稳定状态;

④在修理期间不发生继续失效。

实际上,如果工作任务周期是组合的,那么,可用度、MTTF和MDT之间的关系也是组合的。式(3.11)这个简单的表达式可以用来说明与可修复系统有关的基本原理。

当考虑可修复系统所需功能的可靠性时,通常要介绍系统成功(SS)的概念,且该概念表示为两个概率的乘积:

①在工作任务周期内(稳定状态的可用度,A),在一些适当部位无故障的概率;

②假设在工作任务周期内(可靠性,$R(t)$),在一些部位无故障,系统可继续使用,在工作任务周期内剩余部分的概率。

3.2.5 系统的总可靠性

根据RBD的原理方法,每一层在组件内的及每一层组件之间的功能关系可以确立一个总系统,如图3.5所示。

注意,能够确定关系的层次将随着系统的复杂性和项目所处阶段的不同而变化。例如,对于一个复杂系统:

(1)在方案及可行性研究阶段,数据很可能将限于系统及分系统级;

(2)在早期设计阶段,数据用在单元级;

(3)在开展详细设计时,数据将用在模块和部件/零件级。

在定义了总系统的功能关系后,如组合的可靠性(不修理)中描述的可靠性表达式可以用计算系统中单个元件的可靠性,在组件更高一层进一步把这些可靠性组合起来,直到总系统。

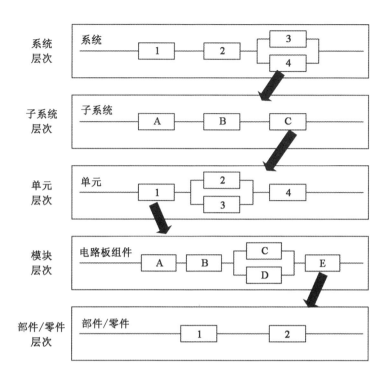

图 3.5 某系统的总可靠性实例

必须注意的是,失效率数据标准的来源通常只提供元件或零件的失效率。因此,详细的预计必须详细到设计阶段元件和零件的数量等数据可得到时才能完成。在详细设计阶段之前,预计要依赖于更灵活的、更具比较性的方法。例如,通过与一些相似系统的比较或通过后面的设计,可以对要用到的元件和零件的数量、种类进行大概的估计。

3.3 可靠性建模与评估工作

可靠性建模与评估工作的目的是在应用建模过程中,提供对可靠性建模的理解。这里不打算对复杂的建模方法给予详尽的描述,这些方法可以从一些参考资料和文献中得到。可靠性建模与评估工作重点描述在建模中可使用的、一般的方法及必须考虑的基本特征。

可靠性建模的目的是产生一个系统在其使用环境中的数学描述。更重要的是,在建模之前应对系统和系统的工作环境有所了解,也要考虑系统失效的后果和修复系统的能力。

应特别注意本节对在系统失效前修复冗余分系统的系统建模考虑较少,换句话说,假定每个部件或非冗余分系统有无限长的修复时间(0修复率)。因此,当这样的部件或分系统失效时,仍将保持其状态,直至其所在的一个部分被完全修复或整体被替换掉。

可靠性建模工作包括:定义系统及其要求;给定系统失效定义;定义工作和维修条件;建立可靠性模型(如 RBD)。

3.3.1 建模的目的

可靠性建模的目的是通过评估组成系统的各产品的可靠性,并结合预计系统的可靠性,表示系统的特定需求、功能、运行及维护情况,指出系统缺陷并评价后勤保障关系。

要保证其有效性,模型必须尽可能真实地反映系统各种特性和所期望的工作条件。但是最有用的模型还是那些对现实的准确表示和必须在适当时间内给出结果(取决于输入数据的质量和数量及对输出的精度要求),且二者之间取得较好平衡的模型。基于适当假设,往往要好过试图用与输入信号质量不一致的精确数学技术。要记住,尽管预计是一个定量过程,但它的主要任务是识别设计上的缺陷,因此,重点常常是比较数值,而不是绝对值本身。

除上面提到的以外,可靠性模型实际上是系统失效定义的模型。换句话说,对于一个特定系统,有多少个系统失效定义就有多少个可靠性模型。例如组成一个双扬声器立体声系统,当该系统不能从两个扬声器发出声音时,就被定义为失效,那么,可靠性模型应组成一个表示扬声器串联结构的方框图。但是如果将系统失效定义为声音完全丧失,那么对于同样一个系统扬声器就以并联结构出现。所以,建模的起始关键是先建立一组系统失效的定义。如果没有明确定义系统失效是指什么,就说系统的平均失效前时间为一年,那将是毫无意义的。

没有人会对"如果发动机无法启动,或者尽管尽了全力,车辆不能开动,则运输车失效"产生怀疑,人们希望这种失效定义的平均失效前时间尽可能长。但是,如果将系统失效定义为无能力行驶速度大于112 km/h,那么相应的平均失效前时间就很可能短得多了。

3.3.2 系统定义

可靠性模型是整个设计过程的核心,因此,模型必须建立在理解所用的系统设计和设计所要满足需求的基础上。系统定义涉及研究从人员需求到电路图的资料,与设计人员密切合作,并完成详细的工程分析以确定设计中的功能相关性。如必要的数据未必能明确说明,则必须做一些假设,且这些假设必须不断地记录,并要征得客户和供应商的同意。

从技术发展的角度来看,与几年前相比,在使用了功能强大的分析技术后,对可靠性模型的分析困难减小了。在很多情况下,这种分析得到商用软件包的支持,但是,要保证模型产生能准确描述真实情况的结果,仍然存在相当大的困难。

系统定义的目的是把有关系统及其部件的有用信息综合起来,并按定制的方式做好记录:对于系统,应明确工作需求和约定;提出的系统配置,包括构成系统的产品之间的功能关系和失效准则;应用到系统的工作和维修条件。

必须强调的是,以上各种因素的相互关系十分密切,应看作一个整体。在项目的详细设计阶段,数据可用来定义系统到部件/元件级,这一点必须做到,因为绝大多数的基本失效率表仅提供该级的数据。显然,在早期工程阶段,系统定义被限制到较高的组件级,但是收集数据和系统分析将应用相同的原则。系统定义包括很多细致、费时的工作,而这些工作可能是由许多人共同完成的,因此,必须采用一种可以在系统层次内迅速识别特定产品的参照或编码方法,以便容易、准确地将数据进行相互对照。

1. 工作要求和规范

工作要求和规范为必须经过比较提出的设计准备基线。必须研究客户的需求且得到所有可靠性相关数据。如果与可靠性相关数据不一致,则必须尽可能地与相应的负责人说清楚,以免浪费时间和人力。可靠性建模必须建立在对需求一致认可的基础上。特别要注意以下几个方面:

(1)应描述系统的目的和功能。如果系统有一个以上的工作模式(例如飞机、搜索和跟踪雷达等),每一种工作模式的需求都要分别确认。二选一的工作模式(即冗余)或备用工作模式的需求也要进行确认。

(2)主要性能、安全和物理特性都应按其重要顺序列出一览表。规定可接受的满足性能要求的限制因素以便建立失效准则,并且定义允许限制工作能力可接受的任何性能退化,这在进行故障模式及影响分析时是重要的。任何一种物理限制(例如尺寸、质量等)都很重要,例如当考虑冗余的范围,或把评定处理为失效原因的严酷性时。

(3)应说明对规定的可靠性特征(可靠性、平均失效前时间的可用率、失效率等)的需求和需求应用的时间或其他变量,以定量表示。如果单独规定主要分系统(而不是整个系统)的可靠性需求,那么每个分系统的相关数据都要相应进行收集。

(4)应说明系统和相应的分系统规定的使用条件,包括工作状态、环境、时间间隔、维修策略等。在评估可靠性期间内的使用条件顺序称为使用任务周期,在后面会更全面地介绍工作任务周期。

2. 系统结构与失效准则

应确定构成系统的主要分系统结构,并对于系统功能建立各分系统的功能关系。如果系统功能结构在运行使用期间发生变化,那么必须分别确定每一个结构。要详细说明系统的工作条件,并定义构成系统失效的条件。如果规定的失效条件仅适用于使用任务周期中一个有限制的部分,则应当特别给予关注。

对于建模的目的,系统内的功能关系必须通过组件到部件/零件级逐级开发。对于大系统,最好先确定主要分系统间的关系,然后再单独考虑每个分系统。

功能框图(或其他相似方法)应该用来简明直观地表示系统内的功能关系。图上应做描述性注释以提供不能由图直接表达的详细信息。一个复杂的系统可能需要大量的功能框图来描述,所以功能框图必须提供清晰的信息以作为参照。

3. 工作任务周期

产品使用情况下的条件将影响其失效率信息及可靠性。因此,产品经历的运行状态、环境、时间区间、维修,以及与其他事件的关系必须作为可靠性评估期间的一段时间来定义,这就是工作任务周期,实质上它定义了产品的风险类型和时期。

(1)工作状况

必须确定使用的工作和休眠阶段,因为设备失效率取决于产品是否起作用,以及是否有可能受到开关接通、断开的频率影响。同样,当产品工作时,其失效率将取决于使用应力与设计(或额定的)应力之比,因此,在进行详细的元器件应力分析时,必须定义严格的工作条件。

（2）环境

必须确定使用的适合于各工作或休眠阶段的环境,因为设备失效率随环境不同而变化。注意在广义上使用的术语"环境"是定性的工作现场(例如舰载、空载等),而不是狭义的具体的物理或气候条件(例如温度20 ℃,相对湿度90%等)。

（3）时间间隔和事件

产品的失效概率可能取决于处于风险中的时间(例如连续运行的设备)或与某一特定事件有关的条件(例如由于进行操作的冲击和开关高应力瞬变等)。必须分别确定每个条件,因为不同的条件将应用不同的可靠性表达式。

（4）维修条件

必须定义维修条件是因为它们可能对可靠性评估与可用率产生重大影响。例如,产品处于风险中的时间取决于产品是否被测试、测试的频率和测试的效果。

（5）确定任务周期

①决定系统的工作任务周期;

②依据系统任务周期和分系统的功能,决定每一个分系统的任务周期;

③对于每一个分系统,确定组成规定分系统的每个产品的工作任务周期,强调每一个与其上一级分系统有不同任务周期的产品,并定义其规定的任务周期。

3.3.3　可靠性模型建立

1.可靠性框图(RBD)

一个复杂系统需要大量的RBD来描述,而第一步是研究一个系统级的RBD,步骤如下:

（1）参考系统定义期间收集的数据,确定系统的功能及其工作状况(例如备用、满功率等)。

（2）依据系统功能确定系统成功工作的最低条件。

步骤1:如图3.6所示,确定区域A、B和C的可靠性表达式,即

$$R_A = R_1 \cdot R_2 \cdot R_3$$
$$R_B = R_5 + R_6 - R_5 \cdot R_6 \tag{3.12}$$
$$R_C = R_8 + R_9 - R_8 \cdot R_9$$

步骤2:如图3.7所示,确定区域D和E的可靠性表达式,即

$$R_D = R_4 \cdot R_B$$
$$R_E = R_7 \cdot R_C \tag{3.13}$$

步骤3:将区域A、D和E的可靠性表达式结合起来得到系统可靠性,即

$$R_S = R_A \cdot (R_D + R_E - R_D \cdot R_B) \tag{3.14}$$

或 $R_S = R_1 \cdot R_2 \cdot R_3 \cdot [R_4 \cdot (R_5 + R_6 - R_5 \cdot R_6) + R_7 \cdot (R_8 + R_9 - R_8 \cdot R_9) -$
$$R_4 \cdot R_7 \cdot (R_5 + R_6 - R_5 \cdot R_6) \cdot (R_8 + R_9 - R_8 \cdot R_9)]$$

（3）依据系统功能画RBD。

（4）确定完成系统功能所需的分系统。

（5）依据分系统画系统的RBD并尽可能将其简化。

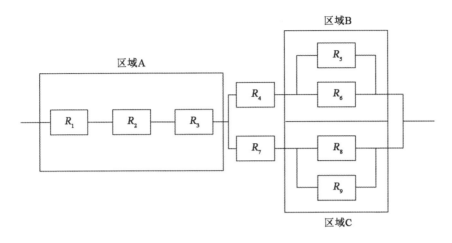

图3.6 推导可靠性模型示例1

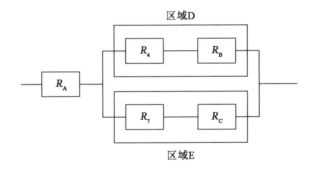

图3.7 推导可靠性模型示例2

一旦RBD建立并表明系统级的可靠性依赖关系后,应按照相同步骤建立每个分系统的RBD。按照组件逐级向下直到该级可靠性或失效率可从元件/零件数据来估计,如图3.8所示。

RBD应尽可能清晰,并包含相关的全部信息。因此,RBD不可能是框图和连线的一种简单排列,必要时,需要在图上做一些适当的注释。例如:

（1）当图上不能明确表达时,应说明冗余的种类;

（2）如果冗余元件失效使性能退化,或在二选一路径中产品增加另外的应力,这点必须引起注意;

（3）如果用于规定RBD的工作或维护条件与其他相关框图不同,这点必须做出强调(例如在工作期间使用可能被更换或修复的产品)。

以上这样做的主要目的是记录下来可能影响可靠性分析与计算的全部数据。在建立系统、分系统及较低的组件级RBD时,应注意以下几点:

（1）必须是一个以上的RBD才可能描述不同工作目标或二选一的功能模式。

（2）RBD的元素应该仅包括有相同工作任务周期的产品。

（3）当构造RBD最低级时,组成RBD的方块应仅包括串联的等效元素,或有已知的按上面分析所建立的可靠性特征。

（4）如果某一元素有一个以上的失效模式,就必须使用每种失效模式分别画出RBD。

（5）当元素间的功能关系不能用直接串联、工作冗余或备用冗余结构表示时,所涉及的元素组合就必须被分离出来并加以特别强调。通常可以用贝叶斯定理来评估这种组合的可靠性。

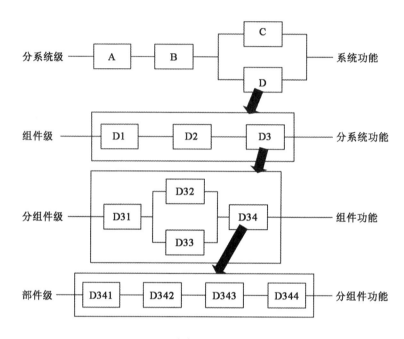

图3.8 系统内可靠性框图的展开

2.系统可靠性模型

一组产品的可靠性模型是按照组合概率的集合规则由单个产品可靠性进行组合得到的。最常见的产品组合结构有以下两种。

（1）串联结构

所有产品必须正常工作时,这个组合才正常。这个组合的可靠性是每个产品可靠性的乘积(如果产品是独立的),即

$$R_G = R_1 \cdot R_2 \cdot R_3 \cdot \cdots \cdot R_N \tag{3.15}$$

（2）并联（工作）冗余结构

在这种结构的最简单形式中,所有产品必须失效,这个组合才是失效的。这个组合的可靠性等于1减去每个方块不可靠性的乘积(如果方块是独立的),即

$$R_G = 1 - \left\{ \left(1 - R_1\right) \cdot \left(1 - R_2\right) \cdot \left(1 - R_3\right) \cdot \cdots \cdot \left(1 - R_N\right) \right\} \tag{3.16}$$

要建立系统可靠性模型,必须研究RBD并依据有关规则组合每个方块的可靠性。当方块是相互独立的,且在串联或简单冗余结构中时,这种组合是很直观的。但是对于比较复杂的系统,通常比较好的做法是把系统划分为可以分别评估的区域,然后实现提供系统可靠性。尤其是当方块在比较复杂的冗余结构中时,要用标准表达式进行表达。因为这种情况必须通过重新分组来解决问题。

组合可靠性的常用规则应遵循以下两点:

(1)在做出RBD时,要知道共享产品是很重要的;

(2)在做出RBD时,最低级的方块通常要与系统维修观念联系起来,即在维修期间需替换哪些产品。

3.贝叶斯定理

如果在元素组中的功能关系比简单的串联或冗余结构更复杂,那么前面所述的组合可靠性的引导就可能没用了。在这种情况下,常使用贝叶斯定理的推论来确定适合的可靠性表达式。

下面应用电源供电这个例子来说明使用该定理得到的可靠性表达式。

步骤1:考虑使用的RBD描述的产品组合,其中D是一个电源,仅被产品2和4共用,如图3.9所示。

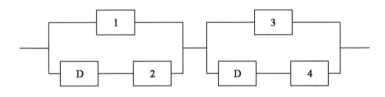

图3.9 RBD 1

步骤2:对于事件A和B,由贝叶斯定理得到的公式为

$$P(A) = P(A|B) \cdot P(B) + P(A|\overline{B}) \cdot P(\overline{B}) \tag{3.17}$$

式中,$P(A)$为事件A发生的概率;$P(B)$为事件B发生的概率;$P(A|B)$为假定事件B发生时事件A发生的概率;$\overline{B}$为事件B不发生的概率;A为系统成功的概率;B为产品D成功运行的概率。

步骤3:假定D不失效的系统RBD,则$P(A|B)$表示D不失效时的可靠性组合的概率,如图3.10所示。

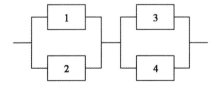

图3.10 RBD 2

于是有

$$P(A|B) = (R_1 + R_2 - R_1 \cdot R_2) \cdot (R_3 + R_4 - R_3 \cdot R_4) \tag{3.18}$$

步骤4：$P(A|B)$ 是假定D失效时系统成功的概率，由此产品1和3成功运行。假定D失效时，系统RBD如图3.11所示。

图3.11 RBD 3

因此

$$P(A|\overline{B}) = R_1 \cdot R_3 \tag{3.19}$$

步骤5：如果产品D的可靠性为 R_D，则

$$P(B) = R_D$$
$$P(\overline{B}) = 1 - R_D \tag{3.20}$$

步骤6：$P(A)$ 等于系统可靠性，所以，代入步骤2中表达式的结果为

$$P(A) = (R_1 + R_2 - R_1 \cdot R_2) \cdot (R_3 + R_4 - R_3 \cdot R_4) \cdot (R_D) + (R_1 \cdot R_3) \cdot \cdot (1 - R_D)$$

3.3.4 建模方略

可靠性预计是一门精确的学科。例如，完成标准MIL-HDBK-217(《电子设备可靠性预计手册》)中定义的公式的软件工具，能够得到非常精确的结果，但是精确度仍受到质疑。可靠性预计既有优点又有不足。

其优点有：

(1)它可以用于设计的整个过程，最初用元器件计数法，然后用元器件应力分析法，就能使设计决策的技术风险降到最低；

(2)它适用于比较选择和完成权衡分析；

(3)它具有一致性和可重复性；

(4)它是很好的方法论，可被各种已授权的软件支持；

(5)不考虑下面所列的不足，这种预计提供了可供选择的比较和/或设备供应商竞争机制。

相比之下，这种预计的不足之处有：

(1)它缺乏绝对的精确性。

(2)它假定失效率相对于时间是恒定的。

(3)它只能判断串联结构。

(4)很多因素得不到处理，其中包括：

——不充分的设计；

——生产缺陷；

——软件故障；

——电源通/断周期工作；

——环境改变；

——物理破坏；

——人为阻碍。

有必要认识到可靠性预计的结果仅是一种猜测，即使猜测是有根据的。在正确使用可靠性预计的情况下，绝对的准确是重要的。更重要的是结果是可以重复的，而且这种不准确是与计划的设计解决办法并存的，所以，明智的决策可能是在权衡和优化比较之后才能做出。

可靠性预计是一种预测技术，通过这种技术可以在设计和研制阶段，评价待完善系统的潜在可靠性水平，并且在这些阶段中要确立标准以辅助决策的制定。在一个项目的不同时期所用规定的方法，取决于所用系统设计的细节及与以前经验有关的数据。可靠性预计的真正优点在于，对所用设计及其特定需求的系统进行详细分析，对预计图表的工程进行解释，而非绝对值本身。通常，失效率或MTBF的预计值多半是乐观的，而对于这两个最终结果中的一个系数的预计可看作被一致认同。不考虑任何一种预测可能含有的局限性，预计过程提供了比较不同设计方案的方法而非一般的基准方法，确定可以修改的和改进的可靠性缺陷，并且强调可能需要权衡研究或决策的区域。

如果以上表述对固有可靠性预计来说是对的，那么从固有可靠性预计向期望的工作可靠性转化的问题就变得更为复杂和苛刻了。一旦部署到工作场地，主要设备就会面临许多威胁可靠性的因素，尽管这里指的是观察到或感觉到的可靠性，而不是最初预计的固有可靠性。

这些预计方法基于如下假设：失效在时间上是随机发生的，而且单个部件的失效率恒定不变。这种思想提供了收集和分析部件失效率数据，并将这些数据反馈至可靠性预计模型的一种框架之中。一些工作应力和环境条件对部件失效率的影响在预计技术发展的早期就被辨识出来了，并且有可能融入现有的、可接受的失效率模型中。

大部分数据可以通过部件级的寿命测试（在无电源通/断周期工作并且极小的周期的电应力、机械应力、热应力）收集到。许多设备在应用中的重要循环影响没有在数据中充分反映出来，所以，在部件失效率模型中也没有得到明确描述。这种遗漏是引起许多复杂电子设备的可靠性预计，与后来在使用中的观测值显著不同的主要原因。

第4章 基于故障树的DP控制系统可靠性分析

4.1 概述

故障树分析(fault tree analysis,FTA)是面向事件分析,与面向结构且只考虑硬件失效的RBD分析相比,其优点在于它不仅考虑硬件失效,还考虑发生软件、人为错误,操作和维修错误,环境对系统的影响等任何一种不期望发生的事件。

故障树(fault tree,FT)是一种系统的图形化表示,表明各种事件如何导致某一单个(通常是不希望的)事件的走向。FTA常用于确定安全性的关键部件、核实产品需求、验证产品可靠性、评价产品风险、调查事故与偶然事件、评定设计修改、展示事件的因果关系、辨识共因失效。

故障树分析是一种演绎方法,它开始于一般结论(系统级的一个不期望事件)并逐步演绎,最终确定这个结论产生的特定原因。故障树分析是以一套取自概率论与布尔代数的简单规则,以一些逻辑符号为基础,使用一种自上至下的方法,生成一个能够进行系统可靠性定量与定性评估的逻辑模型。

4.2 故障树构造

故障树表示失效事件与定义的顶事件之间的逻辑联系。故障树可用于RBD,可使用成功概率的方法定量顶事件的发生概率。

4.2.1 故障树相关的基本概念

顶事件是分析系统不希望发生的事件,它位于故障树的顶端,因此它总是逻辑门的输出而不可能是逻辑门的输入。在故障树中,顶事件通常用"矩形"符号表示。

中间事件是除了顶事件外的其他结果事件,它位于顶事件和底事件之间,既是某个逻辑门的输出事件,又是另一个逻辑门的输入事件。在故障树中,中间事件通常也用"矩形"符号表示。

底事件是位于故障树底部的事件,它总是所讨论故障树中某个逻辑门的输入事件,在故障树中不进一步往下发展。在故障树中,底事件通常用"圆形"符号表示。

基本事件是已经探明或尚未探明,但必须进一步探明其发生原因的底事件。基本元部件故障或人为失误、环境因素等均属于基本事件。

4.2.2　顶事件发生逻辑

故障树是一种能够表示关于硬件失效、软件差错、人为失误等的底层事件与系统层事件之间关系的图形化描述。故障树描述了引起不期望的系统层事件或顶事件的底层事件的传播,它是逐层的。

在系统级上的不期望事件称为顶事件,它通常需要用可靠性预计数据表示系统的失效模式或危害。在每个故障树分支中的最底层事件称为基本事件。这些基本事件表示软件、硬件和人因失效,并根据历史的或预计的数据给出它们的失效概率,通过逻辑符号将基本事件连接到一个或多个顶事件。

故障树是由一些底层事件经过逻辑运算符号(门)产生每个事件逐层建造的。故障树的基本事件是由一个或其他原因引起的而无须进一步分析的事件。如果要用故障树计算顶事件的发生概率,必须提供这些基本事件的概率。这些事件包括基本事件、房型事件或外部事件、条件事件、未展开事件。

故障树把系统最不希望发生的事件作为故障树的顶事件,用规定的逻辑符号表示,找出导致这一不希望事件所有可能发生的直接因素。它们是处于过渡状态的中间事件,并由此逐步深入分析,直到找出事故的基本原因——故障树的基本事件为止。

4.2.3　系统定义

系统定义是故障树分析的一个基本环节。通常,系统定义使用了定义系统全部功能内部连接关系的框图和部件。在考虑部件已经失效时,系统定义还需包括部件及其他可靠性参数和条件之间的相关性。

顶事件的描述需要简明扼要,决定了建树时必须考虑的一系列问题。如果顶事件过于模糊,将使故障树庞大而复杂,导致生成的故障树重点不突出、不明确。定义顶事件时,不仅要描述"发生什么"(特定故障是什么),而且要描述"何时发生"。"何时发生"指顶事件以及在顶事件的某一特定任务阶段或任务的某一部分何时出现。只有顶事件越清楚,故障树才越简明。

4.2.4　故障树的常用符号

在多年的发展过程中,为了绘制出故障树图,已经出现了一套公认的符号,掌握这些符号是构建故障树的必要前提。

1.故障树事件及其符号

故障树中的事件用于描述系统和元部件故障的状态。故障树中常用事件及其符号如表4.1所示。

表4.1 故障树中常用事件及其符号

序号	符号	名称	说明
1		基本事件（底事件）	它是元部件在设计的运行条件下发生的随机故障事件,一般来说,它的故障分布是已知的。为进一步区分故障性质,可用实线圆表示部件本身故障,用虚线圆表示由人为错误引起的故障
2		未展开事件	一般用以表示那些可能发生但概率值较小,或者对此系统而言,不需要进一步分析的故障事件。它们在定性、定量分析中一般可以忽略不计
3		顶事件	不希望发生的对系统技术性能、经济性、可靠性和安全性有显著影响的故障事件。顶事件可由故障、影响及危害性分析确定
		中间事件	包括故障树中除底事件及顶事件之外的所有事件
4		入三角形	位于故障树的底部,表示树的A部分分支在另外部分
5		出三角形	位于故障树的顶部,表示树的A部分是在另外部分绘制的一株故障树的子树

2.逻辑门及其符号

故障树中事件之间的逻辑关系是由逻辑门表示的,它们与事件一同构成了故障树。故障树中常用的逻辑门是逻辑"与门"和逻辑"或门",其他逻辑门在某种程度上都可以简化为逻辑"与门"和逻辑"或门"。故障树中常用的逻辑门及其符号如表4.2所示。

表4.2 故障树中常用的逻辑门及其符号

序号	符号	名称	说明
1	B_1 ··· B_n	与门	设 $B_i(i = 1, 2, \cdots, n)$ 为门的输入事件,A 为门的输出事件。B_i 同时发生时 A 必然发生,这种逻辑关系称为事件交,用逻辑"与门"描述。相应的逻辑代数表达式为 $$A = B_1 \cap B_2 \cap B_3 \cap \cdots \cap B_n$$

表4.2（续）

序号	符号	名称	说明
2	B_1 ... B_n	或门	当输入事件B_i中至少有一个发生时，则输出事件A发生，这种逻辑关系称为事件并，用逻辑"或门"描述。相应的逻辑代数表达式为 $$A = B_1 \cup B_2 \cup B_3 \cup \cdots \cup B_n$$
3	B_1 ... B_n	异或门	输入事件B_1中任何一个发生都可引起输出事件A发生，但B_1、B_2不能同时发生。相应的逻辑代数表达式为 $$A = \left(B_1 \cap \overline{B}_2\right) \cup \left(\overline{B}_1 \cap B_2\right)$$
4	条件	禁止门	当给定条件满足时，则输入事件直接引起输出事件的发生，否则输出事件不发生。图中长椭圆形是修正符号，其内注明限制条件
5	A r/n B_1 ... B_n	表决门	n个输入中至少有r个发生，则输出事件发生；否则输出事件不发生

3.结构函数和最小割集

（1）结构函数

用X_1，X_2，$\cdots$，X_n表示故障树的基本事件。

令：$X_i = 1$表示事件发生；$X_i = 0$表示事件没有发生；$X_i = X(X_1, X_2, \cdots, X_n)$为故障树的状态向量，$i \in (1, 2, \cdots, n)$。

令：$\Phi = \Phi(X_i)$，Φ表示顶端事件的状态变量；$\Phi = 1$表示顶端事件发生；$\Phi = 0$表示顶端事件不发生。

对故障树而言，Φ的取值是由其基本事件的状态决定的，所以Φ是状态向量的函数，可用$\Phi(x)$表示故障树的结构函数。

结构函数的具体表达式完全取决于故障树的结构，对于复杂的故障树，其结构函数是n个状态变量的、多层次嵌套的复杂布尔函数。如图4.1所示的故障树，包含了4个状态变量，其结构函数为

$$\Phi(x) = X_1 + X_2\left(X_3 + X_4\right) = X_1 + X_2 X_3 + X_2 X_4 \tag{4.1}$$

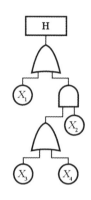

图4.1 故障树示意图

（2）最小割集

式（4.1）中的 $\Phi(x)$ 由3组布尔变量的逻辑和构成，每一组布尔变量是由若干基本事件状态变量的逻辑积构成的。上述结构函数中的任何一项，构成故障树的一个最小割集；上述结构函数中的全部积之和项，构成故障树的全部最小割集。

从结构函数的性质可以看出，如果任意一个积之和项取值为1，则结构函数取值为1。用工程语言来说，故障树中任何一个最小割集代表的事件出现，则系统失效（顶事件）必然发生，所以，最小割集代表了故障树系统失效的充分和必要条件。寻找故障树的最小割集对系统的故障预防和诊断有重要的意义。

4.3 故障树分析方法

故障树分析的主要目的是评估顶事件的发生概率，并表示导致顶事件发生的事件链。在数据信息输入故障树之前，要先进行定性分析。为了确定顶事件的发生概率，仍然需要用到系统定量的可靠性和维修性信息，如故障概率、失效率或修复率。

4.3.1 定性分析

定性分析确定了基于逻辑门的故障树的最小割集，割集是一个引起顶事件发生的事件集。最小割集是一个最小事件集，如果最小割集都发生，顶事件必然发生。如果从最小割集中去掉任何一个基本事件，割集就不再保留。属于割集的基本事件提供了诸如单点失效、每个割集的相对影响等信息。通常，基本事件数目最少的割集，顶事件的发生概率最高。

4.3.2 定量分析

通常希望把顶事件和各个最小割集的发生概率定量化。为完成这个任务，需要使用可靠性和维修性信息，诸如故障概率、失效率或修复率。在定量分析阶段得到的有关最小割集的信息，可用来计算系统的不可用率及不可靠性。在故障树分析中，由于故障树是围绕失效组织起来的,因此要用到不可用率和不可靠性(而不是可用率和可靠性)的值,不像可靠性框图那样是围绕成功而组织起来的。

在故障树定量分析中有很多定量分析方法,主要包括以下几种。

1.上行法

这是一种非常简单而快速的方法。首先找出所有基本事件的概率,而后使用这些概率找到最底层逻辑门的概率。相似地,通过最底层逻辑门的概率找到下一个较高层逻辑门的概率,直到计算出顶事件概率。由于上行法假设故障树的所有子树不相关,因此,这种方法不能计算出在重复事件存在的情况下精确的顶事件发生概率。

2.下行法

这也是一种简捷的方法。它以递归方法为基础,使用连接到顶事件的门或事件的概率计算得出顶事件的概率。相似地,继续此过程直至完成递归所需要的信息。由于下行法假设故障树的所有子树不相关,因此,这种方法不能计算出在重复事件存在情况下精确的顶事件发生概率。

3.仿真法

这种方法在概念上是简单的,能够处理任意类型的故障树。然而,在分析复杂系统时需用更多的时间以达到精确、合理的结果。这种方法首先生成与各个事件相关的随机数,然后确定事件是否发生。单个事件的状态即发生或未发生的信息(还有时间、事件发生的时序是很重要的),被用来找出顶事件的状态(发生或未发生),这个过程将迭代重复进行。顶事件发生的次数与仿真试验的总次数相比,即可计算顶事件的发生概率。

4.割集法

这种方法对于找到顶事件发生概率的精确值是很有用的,尤其是在重复事件存在时。该方法对于找到规定精度的结果也是很有用的。割集法首先要找出故障树的最小割集,并用这些最小割集找到故障树的顶事件发生概率。

5.香农展开法

这种方法通过条件概率递归法找到顶事件的发生概率。考虑一个具有 A、B、C 事件的故障树,顶事件发生概率可表示为 $\Pr\{A\} \cdot \Pr\{top|A\} + \Pr\{\sim A\} \cdot \Pr\{top|\sim A\}$,这里 $\Pr\{A\}$ 与 $\Pr\{\sim A\}$ 分别是 A 事件发生与不发生的概率。$\Pr\{top|A\}$ 是已知 A 事件发生条件下顶事件的发生概率。相应地,$\Pr\{top|\sim A\}$ 是已知 A 事件不发生条件下顶事件的发生概率。$\Pr\{top|A\}$ 与 $\Pr\{top|\sim A\}$ 是在其他事件发生的基础上,按照条件概率之和来计算。此过程不断地进行直到得出条件概率为止。

6.分解法

上行法和下行法只能用于标准型故障树(例如,没有重复事件的故障树)。如果存在重复事件,这些方法都不适用,且不能产生正确结果。当重复事件存在时,可选用的方法包括仿真法、割集法、香农展开法及分解法。仿真法和割集法很费时且不能用于大型系统。香

农展开法使用条件概率(全概率的概念),其展开过程不断进行直到得出所有条件概率为止,因此,当只出现少数几个重复事件时可能不够有效。为了解决这个问题,要像在RBD中一样使用条件概率及模块化概念。当没有一个事件出现在故障树其他部分时,故障树的模块是一个子树。在这种方法中,故障树像在香农展开法中一样被分解,然而,在重复事件时它们是有条件的。例如,故障树中有一个重复事件(称它是事件A),顶事件概率可以使用 $\Pr\{A\} \cdot \Pr(top|A) + \Pr(\sim A) \cdot \Pr\{top|\sim A\}$ 来计算。由于本例中只有一个重复事件,计算的 $\Pr\{top|A\}$ 与 $\Pr\{top|\sim A\}$ 无须涉及任何重复事件,正如结果事件不包括事件A。由于结果故障树是一个模块(不含重复事件),它的概率可以通过标准方法(上行法)得到。因此,在这个过程中的计算量比起香农展开法少了很多。

7. 二元决策图

二元决策图基于香农展开法而得出。这种方法相对于香农展开法,主要优点是去除了香农展开法在求条件概率过程中的冗余计算量,因此,它可以用更少的时间得到顶事件的发生概率。

8. 序贯分析法

以上所有的分析法中除了仿真法之外,均只能运用于组合性分析,而不能运用于存在动态门的顺序相关情况。在这种情况下,不能使用组合方法解决问题。若事件的失效/发生及修复时间服从指数分布,则可以使用马尔可夫模型求得顶事件的发生概率,为此,故障树必须转换成一个等价的马尔可夫模型。如果不是指数分布,可以用非均匀马尔可夫模型或半马尔可夫模型。因为所有动态故障树不能转换成等价的马尔可夫模型或半马尔可夫模型,所以仿真法也是被需要的。

9. 混合法

没有哪一种方法适合于所有故障树,这是可以理解的。因此,最好的办法是先使用不同方法单独处理故障树的不同单元(单独的子树),然后将处理结果组合起来即可求得顶事件的发生概率。

接下来介绍上行法用于计算各种门的概率所用到的公式。上行法首先计算最底层门的概率,然后利用这些信息推算至更上一层门的概率。

(1)与门

如果 A_1, A_2, $\cdots$, A_n 为输入事件而 A 为输出事件时,与门(输出发生)的概率为

$$\Pr\{A\} = \Pr\{A_1\} \cdot \Pr\{A_2\} \cdot \Pr\{A_3\} \cdot \cdots \cdot \Pr\{A_n|A_1, A_2, \cdots, A_{n-1}\} \tag{4.2}$$

如果所有事件是互相独立的,则

$$\Pr\{A\} = \Pr\{A_1\} \cdot \Pr\{A_2\} \cdot \Pr\{A_3\} \cdot \cdots \cdot \Pr\{A_n\} \tag{4.3}$$

(2)或门

如果 A_1, A_2, $\cdots$, A_n 为输入事件而 A 为输出事件时,或门(输出发生)的概率为

$$\Pr\{A\} = \Pr\{A_1\} + \Pr\{A_2|\sim A_1\} + \cdots + \Pr\{A_n|\sim A_1, \sim A_2, \cdots, \sim A_{n-1}\} \tag{4.4}$$

如果所有事件是相互独立的,则

$$
\begin{aligned}
\Pr\{A\} &= \Pr\{A_1\} + \Pr\{A_2|\sim A_1\} + \cdots + \Pr\{A_n\} \cdot \Pr\{A_1\} \cdot \Pr\{A_2\} \cdot \cdots \cdot \Pr\{A_{n-1}\} \\
&= \Pr\{A_1\} + \Pr\{A_2\} \cdot \left(1 - \Pr\{A_1\}\right) + \cdots + \\
&\quad \Pr\{A_n\} \cdot \left(1 - \Pr\{A_1\}\right) \cdot \left(1 - \Pr\{A_2\}\right) \cdot \cdots \cdot \left(1 - \Pr\{A_{n-1}\}\right) \\
&= 1 - \left(1 - \Pr\{A_1\}\right) \cdot \left(1 - \Pr\{A_2\}\right) \cdot \cdots \cdot \left(1 - \Pr\{A_n\}\right)
\end{aligned}
\tag{4.5}
$$

（3）表决门

如果 A_1，A_2，$\cdots$，A_n 是互相独立的输入事件，且 A 是 k/n 表决门的输出事件，则门的概率 $\Pr\{A\}$ 等于至少有 k 个成功事件的全部事件的组合概率。

如果所有事件统计独立的是相同的，并且每个事件的概率为 r，则

$$
\Pr\{A\} = {}^nC_k(r)^k(1-r)^{n-k} + \cdots + {}^nC_n(r)^n(1-r)^{n-n}
\tag{4.6}
$$

（4）非门

如果 A_1 是输入事件而 A 是输出事件时，非门的概率为

$$
\Pr\{A\} = \Pr\{\sim A_1\} = 1 - \Pr\{A_1\}
\tag{4.7}
$$

（5）异或门

如果 A_1 和 A_2 是输入事件而 A 是输出事件时，则异或门的概率为

$$
\Pr\{A\} = \Pr\{A_1 \text{ 和 } \sim A_2\} + \Pr\{A_1 \text{ 和 } \sim A_2\}
\tag{4.8}
$$

如果这些事件是互相独立的，则

$$
\begin{aligned}
\Pr &= \Pr\{A_1\} \cdot \Pr\{\sim A_2\} + \Pr\{A_2\} \cdot \Pr\{\sim A_1\} \\
&= \Pr\{A_1\} \cdot \Pr\{A_2\} - 2 \cdot \Pr\{A_1\} \cdot \Pr\{A_2\} \\
&= \Pr\{\sim A_1\} \cdot \Pr\{\sim A_2\} - 2 \cdot \Pr\{\sim A_1\} \cdot \Pr\{\sim A_2\}
\end{aligned}
\tag{4.9}
$$

4.4 DP-2、DP-3级系统故障树分析举例

DP系统包括计算机控制和传感器系统（computer control and sensor system, CCSS）、发电与功率管理系统（power generation and management system, PGMS），推进系统（thruster system, TS）。某船舶的DP系统如图4.2所示。

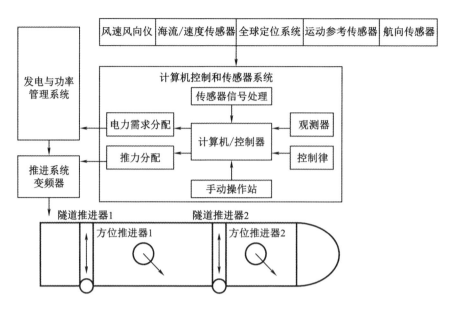

图 4.2　某船舶的 DP 系统简图

4.4.1　计算机控制和传感器系统的故障树模型

如图 4.3 所示为 DP-2 系统的计算机控制和传感器系统的故障树模型,包括 2 套计算机/控制器系统,3 套风速风向仪、3 套海流/速度传感器、3 套航向陀螺仪(测首向)、3 套运动参考传感器(motion reference unit, MRU)、3 套全球定位系统(global positioning system, GPS)以及 1 个电源模块。该电源模块可分别由 3 个独立的供电电源对其供电。

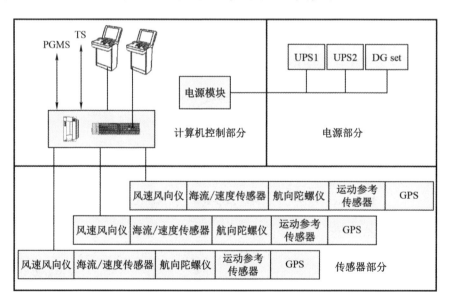

图 4.3　DP-2 系统的计算机控制和传感器系统的故障树模型

传感器系统的故障树模型如图 4.4 所示。以风速风向仪为例,三重冗余配置的风速风向仪系统在一年的时间内(8 760 h)发生失效的概率U(8 760 h)从0.363 1降低到0.047 8。以此类推,通过对风速风向仪、运动参考单元、海流/速度传感器以及航向陀螺仪与GPS进行三重冗余的配置,传感器系统的总失效率PoF可以降低到0.138 1,这相当于平均失效前时间(MTTF)增加到6.7年。

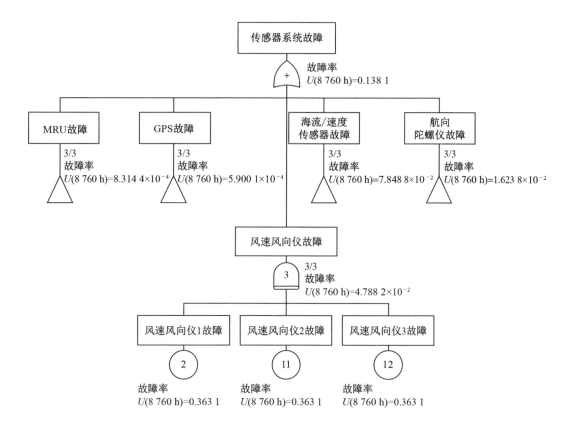

图4.4　传感器系统的故障树模型

结合以上传感器系统的分析结果,整个CCSS的故障树模型如图4.5所示。以控制系统供电故障为例,因为它具备3个独立供电源,只有当这3个独立供电源同时发生故障的时候,才会发生供电故障。所以,根据这3个独立供电源的故障率,可求得控制系统供电故障这一事件发生的概率为0.03。同样道理,可得冗余控制计算机系统在一年内的PoF为0.019 9。DP子系统涉及的部件故障率如表4.3所示。

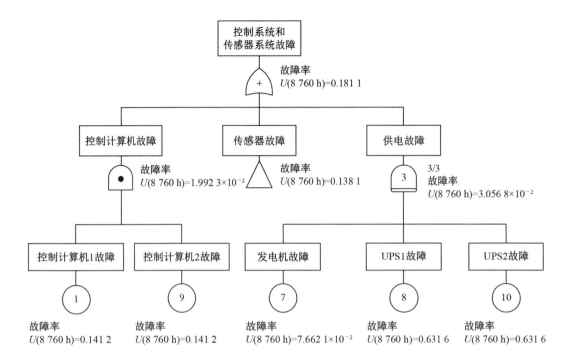

图4.5 CCSS的故障树模型

表4.3 DP子系统涉及的部件故障率

部件	故障率（FIT）[a]	数据来源
PGMS		
柴油机和发电机	27 530	OREDA
中压(MV)断路器	1 552	IEEE 493
MV电源总线	215	IEEE 493
MV公共管道	2 157	IEEE 493
功率管理系统	17 370	OREDA
UPS	114 000	NIOT
TS		
电力电缆	1 609	IEEE 493
具有有源前端和N+2绝缘栅双极晶体管冗余的MV变频驱动(MV-VFD)	8 800	Vedachalam et al.
推力电机	12 520	OREDA
用于方位推进器和固定螺距螺旋桨的行星齿轮	10 200	NSWC
CCSS		
控制计算机(带有数据总线、输入/输出电路板、处理器、操作站、操纵杆和电源)	17 370	OREDA
风速风向仪	52 505	NIOT

表4.3（续）

部件	故障率（FIT）[a]	数据来源
运动参考单元	11 273	NIOT
航向陀螺仪	33 333	NIOT
海流/速度传感器	63 800	NIOT
GPS硬件	10 200	NovAtel

注：[a]以十亿小时计算=（故障数/运行小时）×10⁹

4.4.2 PGMS的故障树模型

图4.6为DP-2系统的PGMS的结构,对应于该体系结构的故障树如图4.7所示。以表决门3为例,具有2 + 2冗余的发电机系统,最多只能承受第2台发电机故障;如果第3台发电机发生故障时,则会降低系统的发电能力。因此,通过以上的冗余配置,发电机系统1年内的PoF可从0.22降低到0.037。

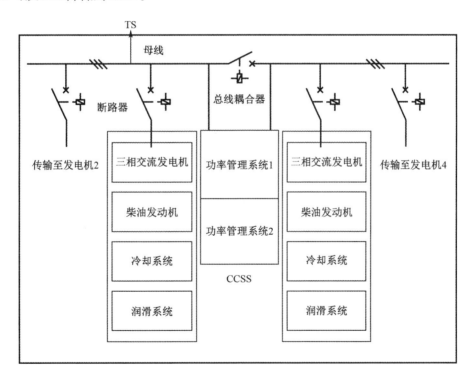

图4.6 DP-2系统的PGMS的结构

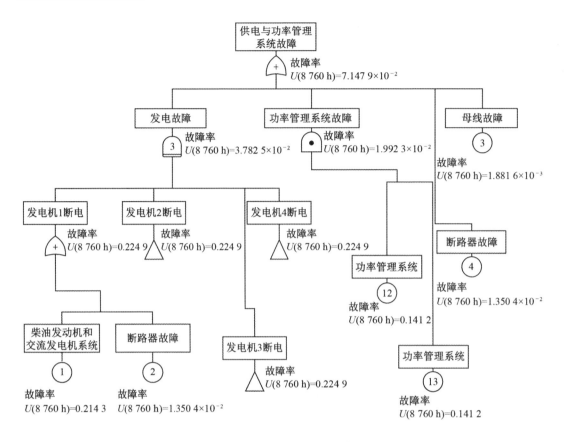

图4.7　DP-2系统的PGMS的故障树模型

通过对发电机数量有强制性要求的系统进行建模和仿真,结果如图4.8所示。发电机数量分别为4,3,2,1,对应系统的PoF分别为0.66,0.28,0.10和0.05。虽然增加冗余可以帮助降低PoF,但需要考虑可靠性与占用空间、成本和权重因素之间的权衡。

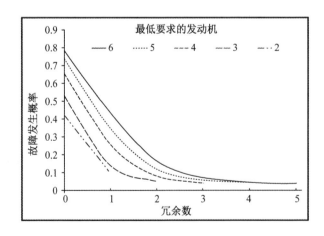

图4.8　发电机冗余对PGMS性能的影响

4.4.3　TS 的故障树模型

DP 系统的 TS 结构如图 4.9 所示。每个推进器组均包括中压变频调速（MV-VFD）、三相感应电动机、减速齿轮和固定螺距螺旋桨。2 个全方位推进器和 2 个隧道推进器均独立控制操作。每个推进器的中压变频调速接收来自 CCSS 的推力分配指令，将相应的功率分配给电动机。对输出电压和频率进行功率调节是通过逆变器和有源前端来完成，功率电子控制器基于脉冲宽度调制（PWM）技术来执行功率调节，冷却系统负责 VFD 中的绝缘栅双极晶体管（IGBT）的冷却。

TS 的故障树模型如图 4.10 所示，在 1 年内的 PoF 为 0.175 5，推进器的冗余配置可使单个推进器的故障率从 0.217 降低到 0.047。

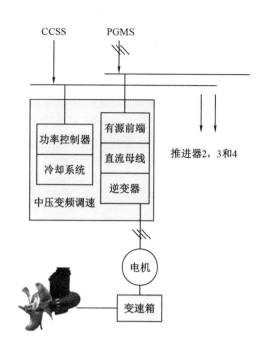

图 4.9　DP 系统的 TS 结构

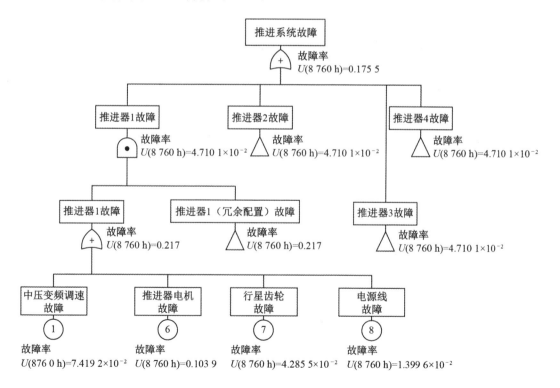

图 4.10　TS 的故障树模型

4.4.4 总体可靠性分析

1.DP-2系统的可靠性分析

如图4.11所示为DP-2系统的故障树模型,该系统在一年内的失效率$U(8\,760\,h)$为0.373。这是在三个子系统的失效率分别为0.071 4(PGMS)、0.18(CCSS)和0.175(TS)的基础上所求得,整个DP-2系统的平均失效前时间(MTTF)为2.14年。PGMS、CCSS和TS分别占DP-2系统故障总数的17%、42%和41%。

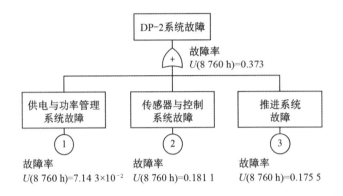

图4.11　DP-2系统的故障树模型

2.DP-3系统的可靠性分析

基于以上同样的方法,对DP-3体系结构进行了可靠性分析,如图4.12所示。与DP-2系统相比,DP-3系统主要体现为PMS(PGMS)、UPS,以及CCSS的冗余配置不同。图4.13表示DP-3系统的CCSS系统的故障树,它具有第3台冗余控制计算机和UPS。通过这种额外的冗余,传感器与控制系统的PoF从0.181 1降低到0.157 1,推进系统从0.175 5降低到0.1724,DP-3系统的MTTF可增加到2.51年。

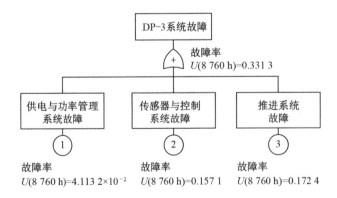

图4.12　DP-3系统的故障树模型

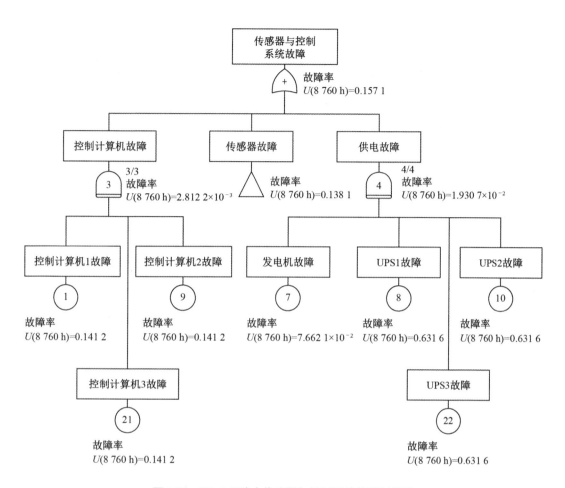

图4.13 DP-3系统中传感器与控制系统故障树模型

第5章 基于马尔可夫的DP控制系统可靠性分析

5.1 概述

前面几章介绍可靠性模型假定系统部件之间是独立的,这表明一个部件的失效或维修不受其他部件的影响。因此,系统失效状态表示为部件失效的组合。例如,在一个串联系统中,如果其中任何一个部件失效,则系统失效;在一个并联系统中,如果所有部件失效,则系统失效。对于这些模型,弄清楚失效部件的组合是很重要的,然而,部件失效的顺序并不重要。

对于复杂系统,用RBD或FT建立模型,可能导致某一系统失效状态的一组部件的失效组合。在多数情况下,可假定这些失效部件是相互独立的,也就是说,一个部件的失效不会影响其他部件失效的次数或行为。在共享负载的系统中,一个部件的失效会增加其他部件的负载,从而增加系统的失效率;另外,会产生一些常见原因的失效,它的发生会导致系统中一个或更多部件的失效。常见失效原因的实例包括普通电源的损耗、地震、极端的气候条件等。

尽管前面章节提供了与可靠性相关的计算公式,如可靠性、可用率、备用系统的MTTF,但是,它们不能提供得到上述这些公式的方法。例如,一个有冷备用部件的系统在备用模式下不可能失效,而当部件在工作时才可能失效。这样,这两种模式的失效率(或失效时间分布)是不同的。备用部件在工作中的保持时间,依赖于工作中部件的失效时间。这意味着部件的失效取决于其他部件的失效次数。这种情况下,部件再也不能假定是统计独立的。除了考虑一组部件的失效状态外,部件失效的顺序也要考虑。

此外,前面章节假定所有部件是不可修复的。系统可用率的计算公式是基于单个部件的可用率。此公式不仅假设部件失效次数是相互独立的,而且假设其维修次数也是相互独立的。这意味着一个部件的维修时间独立于系统其他部件的状态。不过,这个结论在以下情况就不对了:每一组部件存在公用的维修工具(维修团队),因为失效部件要等着那些忙于维修其他场合的失效部件的工作人员来维修。

在多数情况下,假定一个好的部件可连续工作,即使是在系统失效时也是如此,这个假设普遍正确。当失效部件之间独立且/或不采用维修时,使用随机过程(而不是RBD、FT或其他组合模型)。并且,当所有部件的失效、维修次数相互独立时,随机过程的存在是必不可少的。

例如,一个有可维修组件并联系统的可靠性精确评估不能用组合模型来做,因为该系统可靠性不仅取决于在规定时间内部件组的状态,而且取决于部件失效和维修事件的历史记录。多数组合模型并不为可修系统的可靠性的近似计算提供公式。而且,组合模型不能直接计算出单个部件的可用率,因为要对所有部件可能发生的失效和维修顺序必须予以考虑。

5.2 马尔可夫随机过程

5.2.1 随机过程

随机过程可处理所有复杂且顺序独立的情况。随机过程也可建立准确完整的模型。这些动态系统模型包括:

——维修;

——冲击(共用负载和诱导失效);

——共因失效和独立失效;

——顺序/状态独立失效率(备用部件);

——变结构;

——复杂错误的处理和机械装置的复原(公共维修人员);

——阶段性任务需求。

由于它们的灵活性,统一随机过程可用来说明各种复杂系统的行为。这样,它们广泛用于评估系统的可靠性和关键任务系统中的相关特性及科研项目。然而,它们的复杂性使它们比组合模型更难于理解。因此,统一随机过程不可能用于所有行业。

随机过程有许多状态,它们可描述随机变量的行为。随机过程的行为,随指数的不同而不同。在可靠性工程中,指数一般是系统时间,意味着随机过程是用以描述与时间有关的动态系统。

状态空间是一个过程中所有可能状态的集合;指数空间是所有可能的指数值的集合。在一个特定时刻(指数值),系统处于其可能的某一状态。在每个状态,将会发生一组事件。每个状态的发生概率分布取决于系统的历史记录(所有以前的事件和状态的转移时间)。

在可靠性工程中,状态空间一般是离散的。例如,一个系统可能有两种状态:正常和失效。然而,也有可能是连续的。例如,水箱水位线(水箱的失效特性取决于水位线)、轴的负载、维修等待时间等。如果状态空间是离散的,那么该过程称为"链"。

同样地,状态指数可以是离散的或连续的,在大部分可靠性工程的应用中,状态指数(时间尺度)是连续的,即部件的失效和维修次数是随机变量。然而,也存在状态指数是离散的情况。例如,分时间段(同时段的)通信协议、运转设备的切换等。

假如一个连续时间过程,它通常用于嵌入一个离散时间过程,这个过程中只考虑发生特定事件(类似状态变化)的这些点。在这种嵌入过程中,离散点通常不能以实际时间均等地分隔开。

5.2.2 马尔可夫过程

马尔可夫过程(以下简称"马氏过程")是随机过程中的一种特殊类型,它可以由当前状态唯一确定过程的未来行为。这说明事件(发生率)的分布独立于系统的历史记录。而且,转移率与系统进入当前状态的时间是相互独立的。因此,马氏过程的基本假设是在每个状态下系统的行为是无记忆的。系统从当前状态的转移仅由当前状态决定,而不是由以前的状态或进入当前状态的时间决定。在转移发生前,每一个状态所经历的时间服从指数分布。

在可靠性工程中,如果每一个状态所有事件(失效、维修等)以恒定发生率(失效率、维修率、切换等)发生,则这些情况是确定的。因为过程的基本行为是相对于时间独立的。这些过程也称为时齐马氏过程或简称为齐次马氏过程。然而,部件的失效率和维修率取决于当前状态。由于受恒定转移率的限制,齐次马氏过程不可用于建立服从部件耗损特性的系统行为的模型,取而代之的是常见的随机过程。

在大多数情况下,随机过程的特殊类别是对所用齐次马氏过程的归纳。相关的模型包括:

半马尔可夫模型。尽管和均匀马尔可夫模型非常相似,但是其转移次数和概率(分布)取决于系统进入当前状态的时间。这说明特定状态的转移率取决于在此状态下所经历的时间,而不取决于进入那个状态的途径。这样,转移的分布是非指数的。

非齐次模型。尽管与齐次马尔可夫模型很相似,但是转移次数取决于整个系统时间,而不是系统进入当前状态的时间。

由先前所提到的,根据状态空间和指数空间的特性可以将马氏过程分类。表5.1列出了4种马氏过程的特性及相关模型的名称。

表5.1　马尔可夫模型的类型

状态空间	指数空间	常用模型名称
离散	离散	离散时间马尔可夫链
离散	连续	离散时间马尔可夫链
连续	离散	连续状态、离散时间马尔可夫过程
连续	连续	连续状态、连续时间马尔可夫过程

一个随机过程在随时间变化的过程当中,其下一个变化时刻的取值可能与当前时刻的取值和当前时刻以前的取值情况有关,若一个随机过程的下一个变化时刻的取值只与它当前时刻的取值有关,而与过去时刻的取值无关,就称这样的随机过程具有马尔可夫性或无记忆性。

5.3　马尔可夫模型

1.马尔可夫模型的假设

马尔可夫模型一般受两个主要假设的限制:

(1)假设从一个状态到另一个状态的转移(概率)保持不变。这样,只有当证实其失效率和修复率是恒定时,才可使用马尔可夫模型。

(2)转移(概率)仅由当前状态决定,而非由系统的历史记录决定。这意味着假定系统的未来状态与系统当前状态无关。

2.马尔可夫状态转移图

马尔可夫状态转移图是系统状态和这些状态之间有可能转移的一种图形化表示。这种图提供了一种帮助理解马尔可夫模型的可视化工具。一个状态转移图可以用图形化表示系统状态及初始条件、系统状态间的转移和相应的转移率。

在某些情况下,根据离散等价物,分析人员提出了连续马尔可夫模型。考虑到状态转移时间(Δt)非常小,则转移率可由等价的转移概率替换。这样就出现了一种情况,即在时间Δt后,系统以某种概率保持当前状态。在此情况下,当前状态下保持的概率也可在图上表示。考虑一个给定的系统配置,在以时间表示的任何瞬间,存在着几个可能状态。在单个图表中,系统的所有工作和失效状态,以及它们之间可能的转移都被表示出来。状态转移图显示了用箭头或弧表示出来的,可作为单个节点的系统状态和转移。

建造状态转移图的基本步骤如下:

(1)定义系统失效标准;

(2)列举系统所有可能的状态,并将它们分为正常状态或失效状态;

(3)决定各种状态间的转移率并画出状态转移图。

考虑一个不可修部件,有恒定失效率λ。该部件有两种状态——正常和失效。系统状态等价于部件状态。最初,假定部件是好的,当部件失效时,系统进入失效状态。一旦系统进入失效状态,它会一直保持,因为在失效状态没有事件发生。单个部件不可修复系统的

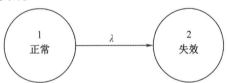

图5.1 单个部件不可修复系统的状态转移图

状态转移图如图5.1所示。同样的系统,如果部件失效后系统立即进入失效状态,失效后立即开始对部件进行修复。用μ表示单个部件的失效率和修复率,图5.2给出单个部件可修复系统的状态转移图。

由于状态转移图比数学矩阵更直观,因此它更易于理解。尽管如此,对于大系统,状态转移图会变得不易处理且难于分析。一个状态转移图类似于系统分析中使用的有向图。它用图的形式表示各种不同的系统状态,以及系统状态之间与转移有关的比率。由于方向与转移有关,所以状态转移图可看作有向图。

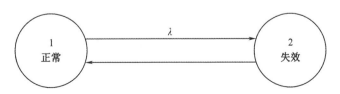

图5.2 单个部件可修复系统的状态转移图

3.建造状态转移图

建造状态转移图的基本步骤包括：

(1)定义系统失效标准；

(2)列举系统所有可能的状态,并将它们分为正常或失效状态；

(3)决定各种状态间的转移率并画出状态转移图。

假定系统有两个部件 A 和 B,并将它们并联。系统正常运转的条件是两个部件中至少有一个是正常状态。假定 λ_1 和 λ_2 分别是部件 A 和 B 的失效率。系统共有 4 种状态(标记为 S1、S2、S3、S4)。

- S1:部件 A 正常,部件 B 正常,系统正常。
- S2:部件 A 正常,部件 B 失效,系统正常。
- S3:部件 B 正常,部件 A 失效,系统正常。
- S4:部件 A 和 B 均失效,系统失效。

系统的 4 种状态中只有 S4 是失效状态。双部件系统的状态转移图如图 5.3 所示。

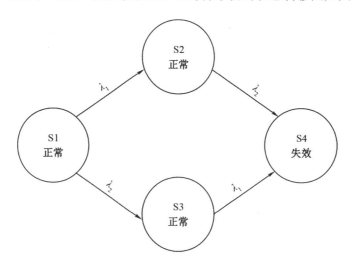

图 5.3　双部件系统的状态转移图

当无系统失效,部件均可修复的情况下,表明在状态 S2 和 S3 中的失效部件可修复。再假定 μ_1 和 μ_2 分别是部件 A 和 B 的修复率。具有可修复部件的双部件系统的状态转移图如图 5.4 所示。

在以上所提到的例子中,假定系统状态表示为部件状态的组合。然而,有些情况,事件(例如失效)的顺序是需要考虑的。假定这些状态中的每个状态对系统的可靠性和安全失效都产生不同的影响。部件 B 失效前部件 A 的失效概率与部件 A 失效前部件 B 的失效概率必须已知。下面的双部件系统存在 5 种系统状态(标记为 S1、S2、S3、S4、S5),如图 5.5 所示。

- S1:部件 A 正常,部件 B 正常,系统正常。
- S2:部件 A 正常,部件 B 失效,系统正常。
- S3:部件 B 正常,部件 A 失效,系统正常。

• S4：部件 A 失效，部件 B 随后失效，系统以模式1失效。

• S5：部件 B 失效，部件 A 随后失效，系统以模式2失效。

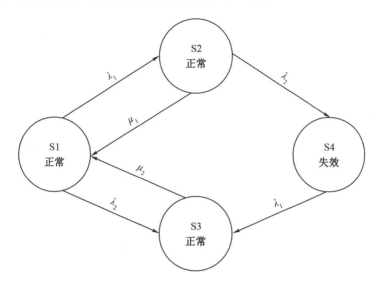

图5.4 具有可修复部件的双部件系统的状态转移图

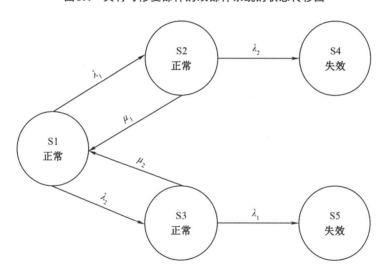

图5.5 双部件系统顺序失效模式

5.3.1 马尔可夫链

马尔可夫链分析中最重要的问题是确定转移矩阵。

1.一步转移矩阵

若系统共有 r 个状态，由状态 S_i 经过一步转移到状态 S_j 的概率为 p_{ij}，则称为状态转移概率矩阵。

$$\boldsymbol{p} = \left(p_{ij}\right)_{r \times r} = \begin{bmatrix} p_{11} & p_{12} & \cdots & p_{1r} \\ p_{21} & p_{22} & \cdots & p_{2r} \\ \vdots & \vdots & & \vdots \\ p_{r1} & p_{r2} & \cdots & p_{rr} \end{bmatrix} \tag{5.1}$$

状态转移概率矩阵是一个 r 阶方阵,它满足概率矩阵的一般性质,即

$$0 \leqslant p_{ij} \leqslant 1 \quad i, j = 1, 2, \cdots, r$$

同行元素之和为 1,即

$$\sum_{j=1}^{r} p_{ij} = 1 \quad j = 1, 2, \cdots, r \tag{5.2}$$

满足这两个性质的行向量称为概率向量。

状态转移矩阵的所有行向量均为概率向量;反之,所有由行向量均为概率向量组成的矩阵为概率矩阵。

概率矩阵还有一个重要性质:如果 $\boldsymbol{A}$ 和 $\boldsymbol{B}$ 均为概率矩阵,则 $\boldsymbol{A} \cdot \boldsymbol{B}$ 也是概率矩阵。

2. n 步转移矩阵

一步转移矩阵 → 一个步长后,系统状态的改变,记为 $\left\{p_{ij}(\Delta)\right\}$ 或 p_{ij};

n 步转移矩阵 → n 个步长后,系统状态的改变,记为 $\left\{p_{ij}(n\Delta)\right\}$ 或 $p_{ij}^{(n)}$。

其中,$p_{ij}(n\Delta)$ 表示系统从状态 S_i 出发,经过 n 步转移,到达状态 S_{ij} 的概率。

在随机过程理论中,证明了以下结论:

(1) $p_{ij}(n\Delta) = p_{ij}((n-1)\Delta) \cdot p_{ij}(\Delta)$ 或 $p_{ij}^{(n)} = p_{ij}^{(n-1)} \cdot p_{ij}$

(2) $p_{ij}^{(n)} = \left(p_{ij}\right)^n$

系统的 n 步转移矩阵可以由 $n-1$ 步转移矩阵乘以一步转移矩阵求得,也可由一步转移矩阵的 n 次方求得。

3. 稳态矩阵

在马尔可夫链中,已知系统的一步转移概率和系统的初始状态,就可推断系统在任意时刻所处的可能状态。现在要进一步研究的是,当转移步数 n 不断增大时,转移概率矩阵 $\boldsymbol{p}^{(n)}$ 的变化趋势。首先介绍一下有关的数学基础知识。

(1)正规概率矩阵

定义:一个概率矩阵 $\boldsymbol{p}$,若它的某次方 $\boldsymbol{p}^m$ 的原有元素都为正数,且没有零元素存在,则称其为正规概率矩阵(m 为正整数)。

例如:

$\boldsymbol{p} = \begin{bmatrix} \dfrac{1}{2} & \dfrac{1}{4} & \dfrac{1}{4} \\[6pt] \dfrac{1}{3} & \dfrac{1}{3} & \dfrac{1}{3} \\[6pt] \dfrac{2}{5} & \dfrac{1}{5} & \dfrac{1}{5} \end{bmatrix}$ 是一个正规概率矩阵,$\boldsymbol{p} = \begin{bmatrix} 0 & 1 \\[6pt] \dfrac{1}{2} & \dfrac{1}{2} \end{bmatrix}$ 虽然并非所有元素都大于 0,但

$$p^2 = \begin{bmatrix} 0 & 1 \\ \dfrac{1}{2} & \dfrac{1}{2} \end{bmatrix}^2 = \begin{bmatrix} \dfrac{1}{2} & \dfrac{1}{2} \\ \dfrac{1}{4} & \dfrac{3}{4} \end{bmatrix}, 所以 p 也是一个正规概率矩阵。$$

$p = \begin{bmatrix} 1 & 0 \\ 0 & 1 \end{bmatrix}$ 不是正规概率矩阵,因为找不到一个数 m,使 p^m 的每一个元素都大于 0。

（2）固定概率向量

定义：任一非零概率向量 $U = (U_1, U_2, \cdots, U_n)$,乘以概率矩阵 $p_{n \times n}$ 后,其结果仍为 U,即

$$Up = U \tag{5.3}$$

则称 U 为 p 的固定概率向量（或特征向量）。

例如：

$$U = \left(\dfrac{1}{2}, \ \dfrac{1}{2} \right), \ p = \begin{bmatrix} 1 & 0 \\ 0 & 1 \end{bmatrix}$$

所以 U 是 p 的一个固定概率向量。

（3）正规概率矩阵的性质

设 p 为正规概率矩阵,则：

① 恰有一个固定概率向量 U,且 U 的所有元素都是正数；

② p 的各次方组成的序列,p,p^2,p^3,$\cdots$ 趋近于方阵 T,且 T 的每一个行向量都是固定概率向量 U；

③ 若 p_i 为 p 的任一概率向量,则向量序列 $p_i \cdot p$,$p_i \cdot p^2$,$\cdots$,$p_i \cdot p^m$ 都趋近于固定概率向量 U；

④ 稳态概率

若马尔可夫链的状态转移矩阵为正规概率矩阵,当转移步数 n 足够大时,转移概率矩阵将趋向某一稳态概率矩阵,即

$$\lim_{n \to \infty} p^{(n)} = T \tag{5.4}$$

式中,T 为稳态概率矩阵。

由于稳态概率矩阵 T 的每一个行向量都等于固定概率向量 U,因此,求出状态转移矩阵的固定概率向量 U,就可得到稳态概率矩阵。

5.3.2　马尔可夫过程

设 $\{X(t), t \geqslant 0\}$ 是取值在 $E = \{0, 1, \cdots\}$ 或 $E = \{0, 1, \cdots, N\}$ 上的一个随机过程。若对任意自然数 n 及任意几个时刻点 $0 \leqslant t_1 < t_2 < \cdots \leqslant t_n$,均有

$$\begin{aligned} P\{X(t_n) = i_n | X(t_1) = i_1, \ X(t_2) = i_2, \ \cdots, \ X(t_{n-1}) = i_{n-1}\} \\ = P\{X(t_n) = i_n | X(t_{n-1}) = i_{n-1}\}, \ i_1, \ i_2, \ \cdots, \ i_n \in E \end{aligned} \tag{5.5}$$

则称 $\{X(t), t \geqslant 0\}$ 为离散状态空间 E 上的连续时间马尔可夫过程。如果对任意 $t, u \geqslant 0$,

均有

$$P\{X(t+u)=j|X(u)=i\}=P_{ij}(t), \quad i,j\in E \tag{5.6}$$

与 u 无关,则称马尔可夫过程 $\{X(t),\ t\geqslant 0\}$ 是时齐的。

对固定的 $i,j\in E$,函数 $P_{ij}(t)$ 称为转移概率函数,$\boldsymbol{P}(t)=p_{ij}(t)$ 称为转移概率矩阵。

假定马尔可夫过程 $\{X(t),\ t\geqslant 0\}$ 的转移概率函数满足:

$$\lim_{t\to 0}P_{ij}(t)=\delta_{ij}=\begin{cases}1, & i=j\\ 0, & i\neq j\end{cases} \tag{5.7}$$

对转移概率函数,显然有以下性质:

$$\begin{cases}P_{ij}\geqslant 0\\ \sum_{j\in E}P_{ij}(t)=1\\ \sum_{k\in E}P_{ik}(u)P(v)=P_{ij}(u+v)\end{cases} \tag{5.8}$$

若令

$$P_j(t)=P\{X(t)=j\}, \quad j\in E \tag{5.9}$$

它表示时刻 t 系统处于状态 j 的概率,则有

$$P_j(t)=\sum_{k\in E}P_k(0)P_{kj}(t) \tag{5.10}$$

时齐马尔可夫过程有如下重要性质:

(1)对有限状态空间 E 的时齐马尔可夫过程,极限:

$$\begin{cases}\lim_{t\to 0}\dfrac{P_{ij}(\Delta t)}{\Delta t}=q_{ij}, & i\neq j,\ i,j\in E\\ \lim_{t\to 0}\dfrac{1-P_{ii}(\Delta t)}{\Delta t}=q_i, & i\in E\end{cases} \tag{5.11}$$

存在且有限。

(2)若记 $T_1,T_2,\cdots$ 为过程 $\{X(t),\ t\geqslant 0\}$ 的状态转移时刻,$0=T_0<T_1<T_2<\cdots$,$X(T_n)$ 表示第 n 次状态转移后所处的状态。若 $X(T_n)=i$,则 $T_{n+1}-T_n$ 为过程在状态 i 的逗留时间,则有如下结论。

对任何 $i,j\in E,\ u\geqslant 0$,有

$$P\{T_{n+1}-T_n>u|X(T_n)=i,X(T_{n+1})=j\}=\mathrm{e}^{-q_iu}, \quad n=0,1,\cdots \tag{5.12}$$

与 n 和状态 j 无关。

因此,有限状态空间的时齐马尔可夫过程在任何状态 i 的逗留时间遵从参数 q_i 的指数分布 $(0\leqslant q_i<\infty)$,不依赖于下一个将要转入的状态。若 $q_i>0$,称状态 i 为稳定态;若 $q_i=0$,称状态 i 为吸收态。过程一旦进入吸收态就将永远停留在该状态。

(3)对有限状态空间 E 的时齐马尔可夫过程 $\{X(t),\ t\geqslant 0\}$,记 $N(t)=(0,\ t)$ 中 $\{X(t),\ t\geqslant 0\}$ 发生状态转移次数,有以下结论成立。

对充分小的 $\Delta t > 0$,有

$$P\{N(t + \Delta t) - N(t) \geqslant 2\} = o(\Delta t) \tag{5.13}$$

即在 $(t,\ t + \Delta t)$ 中马尔可夫过程 $\{X(t),\ t \geqslant 0\}$ 发生两次或两次以上转移的概率为 $o(\Delta t)$。

(4)对于任意 $i,\ j \in E$,若 $\lim_{t \to 0} p_{ij}(t) = q_{ij}$,则有

① $\lim_{t \to \infty} p_{ij}(t) = \pi_{ij}$ 存在;

②对任意的 $i \in E$,有 $\lim_{t \to \infty} p_i'(t) = 0$。

对于状态空间有限的齐次马尔可夫过程,$\sum\limits_{k \in E} p_k(0) = 1$,则有

$$\lim_{t \to \infty} p_i(t) = \sum_{k \in E} p_k(0) \lim_{t \to \infty} p_{ki}(t) = \pi_i \tag{5.14}$$

即当时间无限大时,过程处于状态 i 的概率将趋于一个常数。

如图 5.6 所示的状态转移图中,e_1 为正常状态,e_2 为故障状态,其失效率 λ 与修复率 μ 均为常数,可以写出马尔可夫过程的矩阵 $P(\Delta t)$ 为一微分系数矩阵,即

$$P(\Delta t) = \begin{bmatrix} 1 - \lambda\Delta t & \lambda\Delta t \\ \mu\Delta t & 1 - \mu\Delta t \end{bmatrix} \tag{5.15}$$

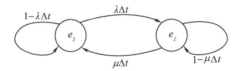

图 5.6　状态转移图

假定 $e_1 = 1$ 表示系统处于正常状态,$e_2 = 0$ 表示系统处于故障状态。由微分系数矩阵可以写出 Δt 时间内各转移概率为

$$\left.\begin{array}{l} P_{11}(\Delta t) = P\{X(t + \Delta t) = 1 | X(t) = 1\} = 1 - \lambda\Delta t + o(\Delta t) \\ P_{12}(\Delta t) = P\{X(t + \Delta t) = 0 | X(t) = 1\} = \lambda\Delta t + o(\Delta t) \\ P_{21}(\Delta t) = P\{X(t + \Delta t) = 1 | X(t) = 0\} = \mu\Delta t + o(\Delta t) \\ P_{22}(\Delta t) = P\{X(t + \Delta t) = 0 | X(t) = 0\} = 1 - \mu\Delta t + o(\Delta t) \end{array}\right\} \tag{5.16}$$

式中,$o(\Delta t)$ 为一高阶无穷小项,表示在 $(t, t + \Delta t)$ 中,基本上不会发生两次或两次以上转移的概率。

令 $P_1(t) = P\{X(t) = 1\}$,$P_2(t) = P\{X(t) = 0\}$,则利用全概率公式可得

$$\begin{cases} P_1(t + \Delta t) = P_1(t)P_{11}(\Delta t) + P_2(t)P_{21}(\Delta t) = (1 - \lambda\Delta t)P_1(t) + \mu\Delta t P_2(t) \\ P_2(t + \Delta t) = P_1(t)P_{12}(\Delta t) + P_2(t)P_{22}(\Delta t) = \lambda\Delta t P_1(t) + (1 - \mu\Delta t)P_2(t) \end{cases} \tag{5.17}$$

由于

$$\lim_{\Delta t \to 0} \frac{P_1(t + \Delta t) - P_1(t)}{\Delta t} = P_1'(t)$$

$$\lim_{\Delta t \to 0} \frac{P_2(t + \Delta t) - P_2(t)}{\Delta t} = P_2'(t)$$

则可得出微分方程组：

$$\begin{cases} P_1'(t) = -\lambda P_1(t) + \mu P_2(t) \\ P_2'(t) = \lambda P_1(t) - \mu P_2(t) \end{cases} \tag{5.18}$$

将上式写成矩阵形式：

$$\begin{bmatrix} P_1'(t) & P_2'(t) \end{bmatrix} = \begin{bmatrix} P_1(t) & P_2(t) \end{bmatrix} \begin{bmatrix} -\lambda & \lambda \\ \mu & -\mu \end{bmatrix} \tag{5.19}$$

令 $\boldsymbol{A} = \begin{bmatrix} -\lambda & \lambda \\ \mu & -\mu \end{bmatrix}$，对上式进行拉普拉斯变换后，得

$$\begin{cases} sP_1(s) - P_1(0) = -\lambda P_1(s) + \mu P_2(s) \\ sP_2(s) - P_2(0) = \lambda P_1(s) - \mu P_2(s) \end{cases} \tag{5.20}$$

将系统初始状态 $\boldsymbol{P}(0) = \begin{bmatrix} P_1(0) & P_2(0) \end{bmatrix} = \begin{bmatrix} 1 & 0 \end{bmatrix}$ 代入上式，整理后可得：

$$\begin{cases} (s + \lambda)P_1(s) - \mu P_2(s) = P_1(0) \\ -\lambda P_1(s) + (s + \mu)P_2(s) = P_2(0) \end{cases} \tag{5.21}$$

写成矩阵形式为

$$\begin{bmatrix} P_1(s) & P_2(s) \end{bmatrix} \begin{bmatrix} s + \lambda & -\lambda \\ -\mu & s + \mu \end{bmatrix} = \begin{bmatrix} P_1(0) & P_2(0) \end{bmatrix} \tag{5.22}$$

简写为

$$\boldsymbol{P}(s)(s\boldsymbol{I} - \boldsymbol{A}) = \boldsymbol{P}(0)$$

最终可得

$$\boldsymbol{P}(s) = \boldsymbol{P}(0)(s\boldsymbol{I} - \boldsymbol{A})^{-1}$$

如进行逆变换，可得 $\begin{bmatrix} P_1(t) & P_2(t) \end{bmatrix}$ 的值：

$$p_1(t) = \frac{\mu}{\lambda + \mu} + \frac{\lambda}{\lambda + \mu} e^{-(\lambda + \mu)t}$$

$$p_2(t) = \frac{\lambda}{\lambda + \mu} - \frac{\lambda}{\lambda + \mu} e^{-(\lambda + \mu)t} \tag{5.23}$$

若系统在时刻 $t = 0$ 处于故障状态，即 $\boldsymbol{P}(0) = \begin{bmatrix} P_1(0) & P_2(0) \end{bmatrix} = \begin{bmatrix} 0 & 1 \end{bmatrix}$，可得解为

$$p_0(t) = \frac{\mu}{\lambda + \mu} - \frac{\mu}{\lambda + \mu} e^{-(\lambda + \mu)t}$$

$$p_1(t) = \frac{\lambda}{\lambda + \mu} + \frac{\mu}{\lambda + \mu} e^{-(\lambda + \mu)t} \tag{5.24}$$

系统瞬时可用度：若系统在初始时刻处于工作状态，则系统在 t 时刻的瞬时可用度为

$$A(t) = p_0(t) = \frac{\mu}{\lambda + \mu} + \frac{\lambda}{\lambda + \mu} e^{-(\lambda + \mu)t} \tag{5.25}$$

系统稳态可用度:在求系统瞬时可用度时,需要解微分方程组,但是求解微分方程组是比较麻烦的。为了工程需要,常利用系统稳态可用度来代替系统瞬时可用度。

由齐次马尔可夫过程的结论可知,当$t \to \infty$时,微分方程组可化为线性方程组

$$\begin{cases} (\pi_0, \ \pi_1, \ \cdots, \ \pi_N) A = (0, \ 0, \ \cdots, \ 0) \\ \pi_0 + \pi_1 + \cdots + \pi_N = 1 \end{cases} \tag{5.26}$$

利用上述方程组可以分别得到π_0,π_1,π_N。系统的稳态可用度为

$$A = \sum_{j \in W} \pi_j \tag{5.27}$$

式中,$W = \{0, \ 1, \ 2, \ \cdots, \ k\}$为系统的工作状况。

由此可见,系统稳态可用度只需求解线性微分方程组即可,从而使系统稳态可用度的获得简单方便。

对于单个可修系统而言,系统的稳态可用度为

$$A = \pi_0 = \frac{\mu}{\lambda + \mu} \tag{5.28}$$

系统可靠性:为了求系统可靠性,可以构造一个具有吸收态的马尔可夫过程$\{Y(t), \ t \geq 0\}$,其状态空间为$E = \{0, \ 1\}$,1为吸收态,过程$\{Y(t), \ t \geq 0\}$转移概率函数为

$$p_{00}(t) = 1 - \lambda t + o(t), \ p_{01}(t) = \lambda t + o(t) p_{10}(t) = 0, \ p_{11}(t) = 1 \tag{5.29}$$

令$q_j(t) = P(Y(t) = j)$,$j = 0, \ 1$,则

$$q_0'(t) = -\lambda q_0(t) \tag{5.30}$$

即$q_o(t) = e^{-\lambda t}$,由此可得到系统的可靠性为$R(t) = e^{-\lambda t}$。

对于串联系统,在假定其单元寿命和修复时间均为指数分布的情况下,可类似地得到系统的可靠性指标。

5.3.3　应用马尔可夫模型计算举例

1.双部件并联系统

(1)可用度

考虑一个双部件可修复系统,这两个部件相同。最初,假设两个部件都工作(状态1)。两个部件中任何一个都会导致系统仅有一个部件工作(状态2)。因为每个部件失效时的失效率为λ,部件中任何一个失效的失效率为2λ(这与两个相同部件串联系统的失效率相似),这种技术称为状态合并。

在状态2中,存在两个事件:

①工作部件失效,可导致系统处于失效状态(状态3),此状态下两个部件均失效;

②失效部件可修复,且系统回到状态1。

在状态3中,部件正在维修,如果任何一个部件被修复,则系统进入状态2。在这种失效

率的情况下,有效转移率为2μ。双部件并联系统的状态转移图如图5.7所示。

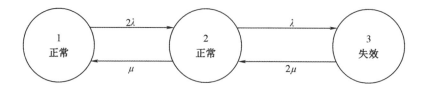

图5.7 双部件并联系统的状态转移图

尽管系统可用度可由组合模型得到,却不是准确的可靠性。使用上节所述的方法可以得到

$$P_3(t) = \left[\left(\frac{\lambda}{\lambda + \mu}\right)\left[1 - \exp\{-(\lambda + \mu)t\}\right]\right]^2 \tag{5.31}$$

因为状态3是唯一的失效状态:

$$A(t) = 1 - P_3(t) = 1 - \left[\left(\frac{\lambda}{\lambda + \mu}\right)\left[1 - \exp\{-(\lambda + \mu)t\}\right]\right]^2 \tag{5.32}$$

如果$\mu \gg \lambda$,则

$$A(t) = 1 - \left(\frac{\lambda}{\mu}\right)^2 \tag{5.33}$$

(2)可靠性

在进行可靠性分析时,所有失效状态可作为无过渡状态处理。无系统修复的双部件并联系统的状态转移图如图5.8所示。

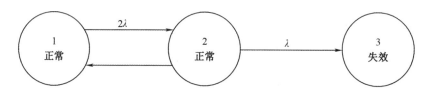

图5.8 无系统修复的双部件并联系统的状态转移图

按照前面讲到的步骤,$P_3(t)$的拉普拉斯变换形式为

$$P_3(s) = \frac{\Delta_3}{\Delta}$$

$$\Delta = s\left[s^2 + s(3\lambda + \mu) + 2\lambda^2\right] = s(s + s_1)(s + s_2) \tag{5.34}$$

$$\Delta_3 = 2\lambda^2 \tag{5.35}$$

式中,s_1、s_2为负值,是$s^2 + s(3\lambda + \mu) + 2\lambda^2 = 0$的根,且$s_1 \cdot s_2 = 2\lambda^2$。

那么

$$s_2, \ s_1 = \frac{-(3\lambda + \mu) \pm \sqrt{(3\lambda + \mu)^2 - 8\lambda^2}}{2} \tag{5.36}$$

同理,有

$$P_3(t) = \frac{2\lambda^2}{s_1 \cdot s_2} - \frac{s_1 e^{s_2 t} - s_2 e^{s_1 t}}{s_1 - s_2} \tag{5.37}$$

因为状态3是唯一失效状态,且 $s_1 \cdot s_2 = 2\lambda^2$,则

$$R(t) = 1 - P_3(t) = \frac{s_1 e^{s_2 t} - s_2 e^{s_1 t}}{s_1 - s_2} \tag{5.38}$$

如果 $\mu \gg \lambda$,则 s_2 在数值上远远大于 s_1。

特别地,

$$\sqrt{(3\lambda + \mu)^2} \approx 3\lambda + \mu - \frac{4\lambda^2}{3\lambda + \mu} \tag{5.39}$$

$$s_1 \approx 3\lambda + \mu - \frac{2\lambda^2}{3\lambda + \mu} \approx 3\lambda + \mu \tag{5.40}$$

$$s_2 \approx \frac{2\lambda^2}{3\lambda + \mu} \approx \frac{2\lambda^2}{\mu} \tag{5.41}$$

因此,可得到

$$R(t) \approx e^{s_1 t} = \exp\left\{ -\frac{2\lambda^2}{\mu} t \right\} \tag{5.42}$$

采用相同的方法,可以得到任何系统的可靠性及其近似值。

2. 冷备用系统

考虑有两个相同部件的冷备用系统。最初,一个部件工作而另一个部件备用。备用部件的失效率是零。工作部件失效后,备用部件开始工作。第二部件失效后系统失效。双部件冷备用系统的状态转移图如图5.9所示。

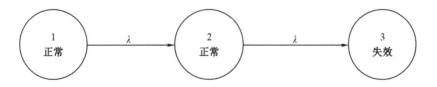

图5.9 双部件冷备用系统的状态转移图

根据前面的步骤,有

$$P_3(s) = \frac{\lambda^2}{s(s + \lambda)^2} = \frac{1}{s} - \frac{1}{(s + \lambda)^2} \tag{5.43}$$

$$R(t) = P_3(t) = e^{-\lambda t}(1 + \lambda t) \tag{5.44}$$

相同地,一个具有 n 个部件的冷备用系统(1个在线, $n - 1$ 个备用)的可靠性为

$$R(t) = \mathrm{e}^{-\lambda t} \sum_{i=0}^{n-1} \frac{(\lambda t)^i}{i!} \tag{5.45}$$

因此可得

$$\mathrm{MTTF} = \int_0^\infty R(t)\mathrm{d}t = \frac{n}{\lambda} \tag{5.46}$$

这个过程可扩大到 k/n 冷备用系统，它最初有 k 个单元工作 $n-k$ 个单元备用，则

$$R(t) = \mathrm{e}^{-k\lambda t} \sum_{i=0}^{n-k} \frac{(k\lambda t)^i}{i!} \tag{5.47}$$

因此可得

$$\mathrm{MTTF} = \int_0^\infty R(t)\mathrm{d}t = \frac{n-k+1}{k\lambda} \tag{5.48}$$

考虑无相同单元的 $1/n$ 冷备用系统，部件 i 的失效率是 λ_i。n 个部件的冷备用系统的状态转移图如图5.10所示。

图5.10 n 个部件的冷备用系统的状态转移图

根据前面的步骤，系统可靠性为

$$R(t) = \sum_{i=1}^{n} \left[\prod_{j=1, j\neq i}^{n} \frac{\lambda_j}{\lambda_j - \lambda_i} \right] \mathrm{e}^{-\lambda_i t} \tag{5.49}$$

简化后，系统的MTTF为

$$\mathrm{MTTF} = \sum_{i=1}^{n} \frac{1}{\lambda_i} \tag{5.50}$$

注意：如果 n 很大（所有失效率几乎相等），则失效时间的分布服从均值（α）和标准差（σ）的正态分布，其中

$$\alpha = \sum_{i=1}^{n} \frac{1}{\lambda_i} \tag{5.51}$$

$$\sigma = \sqrt{\sum_{i=1}^{n} \frac{1}{\lambda_i^2}} \tag{5.52}$$

因此，系统可靠性为

$$1 - \Phi\left(\frac{t - \alpha}{\sigma} \right)$$

式中，$\Phi(\cdot)$ 是标准正态分布的累积分布函数。

3.可修复的双部件冷备用系统

考虑两个相同部件的冷备用系统。最初,一个部件工作而另一个部件备用。备用部件的失效率为零。工作部件失效后,备用部件开始工作,且失效部件的维修开始。这时,若工作部件在失效部件修复前失效,则系统将处于失效状态;若失效部件的维修在工作部件失效前完成,则它将保持备用模式。因此,系统又回到状态1。可修复的双部件冷备用系统的状态转移图如图5.11所示。

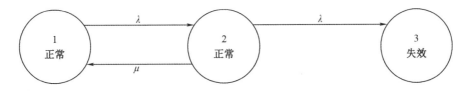

图5.11　可修复的双部件冷备用系统的状态转移图

这个系统的可靠度表达式与双部件并联系统的可靠度表达式类似。唯一不同的是,s_1和s_2是$s^2 + s(2\lambda + \mu) + \lambda^2 = 0$的根。

按照并联系统的情况,系统可靠度的近似值为

$$R(t) = \mathrm{e}^{s_2 t} = \exp\left\{-\frac{\lambda^2}{\mu}t\right\} \tag{5.53}$$

因此可得

$$\mathrm{MTTF} = \int_0^\infty R(t)\mathrm{d}t = \frac{\mu}{\lambda^2} \tag{5.54}$$

4.可修复的$(n-1)/n$冷备用系统

图5.12给出了一个可修复的$(n-1)/n$冷备用系统的状态转移图。

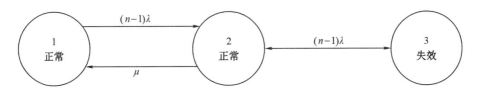

图5.12　可修复的$(n-1)/n$冷备用系统的状态转移图

根据前面的步骤,系统的可靠度近似值为

$$R(t) \approx \exp\left\{-\frac{(n-1)^2\lambda^2}{2(n-1)\lambda + \mu}t\right\} \approx \exp\left\{-\frac{(n-1)^2\lambda^2}{\mu}t\right\} \tag{5.55}$$

因此可得

$$\mathrm{MTTF} \approx \frac{\mu}{(n-1)^2\lambda^2} \tag{5.56}$$

5.热备用系统

不像冷备用部件,热备用部件即使在备用模式下也会失效。然而,通常备用模式下的失效率远远低于工作模式下的失效率。假定备用模式下的失效率为λ,那么,系统由于工作单元的失效或备用部件的失效进入状态2。因此,这些失效率可以相加。图5.13给出了双部件热备用系统的状态转移图。

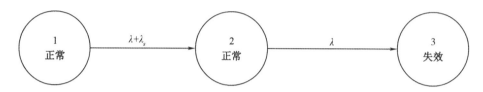

图5.13 双部件热备用系统的状态转移图

根据前面说明的步骤,则

$$R(t) = 1 - P_3(t) = \frac{(\lambda + \lambda_s)}{\lambda_s} e^{-\lambda t} - \frac{\lambda}{\lambda_s} e^{-(\lambda + \lambda_s)t} \tag{5.57}$$

因此可得

$$\text{MTTF} = \int_0^\infty R(t)\mathrm{d}t = \left(\frac{\lambda + \lambda_s}{\lambda_s} \cdot \frac{1}{\lambda}\right) - \left(\frac{\lambda}{\lambda_s} \cdot \frac{1}{\lambda + \lambda_s}\right) = \frac{2\lambda + \lambda_s}{\lambda(\lambda + \lambda_s)} \tag{5.58}$$

根据式(5.49),并将其代入$\lambda_i = \lambda + (n - i) \cdot \lambda_s$(式中$i = 1,2,\cdots,n$),可得到$n$个单元热备用系统的可靠度。而且,$k/n$热备用系统的可靠度也可以得到,即代入$\lambda_i = k\lambda + (n - k + 1 - i)\lambda_s$(式中$i = 1,2,\cdots,n - k + 1$),这种情况下,状态总数是$n - k + 1$。

5.4 DP控制系统马尔可夫可靠性分析举例

针对Markov模型在处理大型冗余系统可靠性问题时会遭遇系统状态量过大、计算耗费时间长,甚至无法有效计算等问题,本节提出将冗余DP控制系统进行有效分割,分别建立主、备控制系统的Markov模型,进而结合分系统的故障率建立系统级的Markov分析模型。该策略将子系统作为独立的可靠性分析单元,无须获取复杂DP控制系统的所有状态量,可大幅减少系统状态转移的分析量,从而可有效提高冗余控制系统可靠性分析的效率。

5.4.1 系统结构分析

根据国际海事组织对DP系统的设备等级分类,冗余DP系统可以是Class 2系统、Class 3系统。对于具备Class 3等级的DP船舶,DP系统包括冗余的主控制站和不具备冗余的备用控制站,主、备控制站之间采用A-60级防火标准进行隔离,所以Class 3系统即使在失去一舱的基础上仍能保持船位。Class 3系统的主DP控制站可以是双冗余配置,也可以是三冗余配置。

本章所讲的可靠性评估目标系统是由一个具有三重冗余的主DP控制站和一个备用DP控制站组成的Class 3 DP系统,该系统是目前大多数深水钻井平台所采用的主流配置,见图5.14。根据船级社的规范要求,"海洋石油981"深水钻井平台装备这套Class 3 DP系统,必须安装三组传感器(每组包括风传感器、陀螺仪和垂直运动单元)和位置参考系统,而其中一组传感器(风传感器、陀螺仪、垂直运动单元)和一个位置参考系统必须连接到备用DP控制系统。

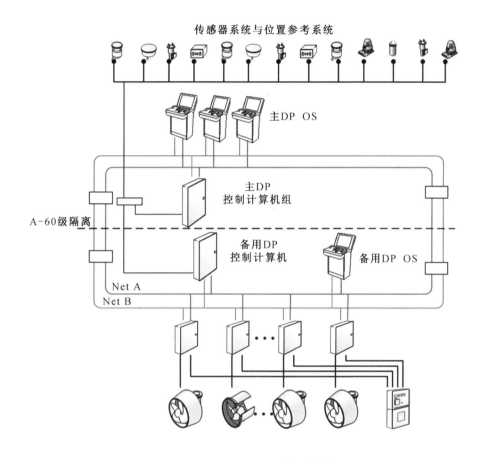

图5.14 IMO Class 3 DP控制站分布

主DP系统的三台控制计算机并行计算,对计算结果进行表决,但最终有且只有一台控制计算机,即主控计算机负责将最终的控制结果输出给推进系统。当主DP控制系统完全失效时,控制权会切换至备用控制站,届时推进系统的控制指令将由备用控制站计算并发送。

将目标控制系统分解为图5.15所示的系统结构图。尝试分别建立主、备控制站的Markov模型,获取主、备控制站的故障率。在此基础上,建立总系统的Markov模型,结合主、备控制站的故障率,获得整个系统的可靠性或失效率。主、备DP控制站的主要部件简化为显控台(operator station, OS)与控制计算机(control computer, CC),主DP控制站由三台OS与三台CC组成,备用DP控制站由一台OS与一台CC组成。

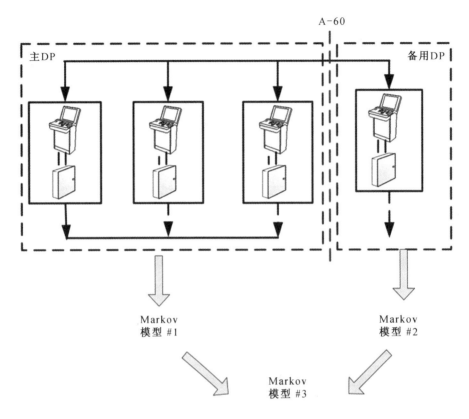

图5.15　DP控制系统的分解

5.4.2　主DP控制系统的状态转移

主DP控制系统的状态转移图如图5.16所示,其中涉及的状态量如表5.2所示。主DP控制子系统有12个系统状态,O表示系统的初始完好状态,F表示系统的失效状态,中间状态依次记为1,2,…,11。假设系统在任意时刻,只有一个部件发生故障,超过两台的显控台或实时计算机不会同时发生故障。如果三台实时控制计算机均失效,则主DP控制子系统完全失效。

以O表示显控台正常状态,C表示实时计算机正常状态,X表示显控台或实时计算机失效状态。假设$t=0$时刻,主控系统处于完好状态,即三台显控台与三冗余控制计算机均正常,标识为状态O(OOOCCC)。显控台的故障转移率定位为λ_{mo},控制计算机的故障转移率定义为λ_{mc},当主控系统出现单台显控台失效时,O变为X;当主DP控制系统出现单台控制计算机失效时,C变为X。主DP控制系统的最终失效状态可以是状态OOOXXX、OOXXXX、OXXXXX、XXXXXX,均标识为状态F。

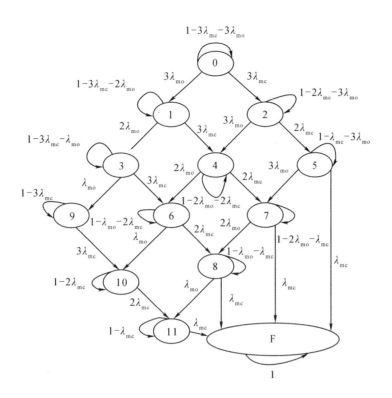

图5.16 主DP控制系统的状态转移图

表5.2 主DP控制系统的状态说明

状态标识	状态说明	符号
0	初始完好状态	OOOCCC
1	其中一台OS故障	XOOCCC
2	其中一台控制计算机故障	OOOXCC
3	其中两台OS故障	XXOCCC
5	其中两台控制计算机故障	OOOXXC
4	一台OS与一台控制计算机故障	XOOXCC
6	两台OS与一台控制计算机故障	OXXXCC
7	一台OS与两台控制计算机故障	XOOXXC
8	两台OS与两台控制计算机故障	XXOXXC
9	所有的OS故障	XXXCCC
10	所有的OS与一台控制计算机故障	XXXXCC
11	所有的OS与两台控制计算机故障	XXXXXC
F	所有的控制计算机故障	XXXXXX, OXXXXX OOXXXX, OOOXXX

根据状态转移关系,可得主DP控制系统的 Chapman-Kolmogorov 方程:

$$
\begin{bmatrix} P'_0(t) \\ P'_1(t) \\ P'_2(t) \\ P'_3(t) \\ P'_5(t) \\ \vdots \\ P'_{10}(t) \\ P'_{11}(t) \\ P'_{12}(t) \end{bmatrix} =
\begin{bmatrix}
-3\lambda_{mo}-3\lambda_{mc} & 0 & 0 & 0 & 0 & 0 & 0 & 0 & \cdots & 0 \\
3\lambda_{mo} & -2\lambda_{mo}-3\lambda_{mc} & 0 & 0 & 0 & 0 & 0 & 0 & \cdots & 0 \\
3\lambda_{mc} & 0 & -3\lambda_{mo}-2\lambda_{mc} & 0 & 0 & 0 & 0 & 0 & \cdots & 0 \\
0 & 2\lambda_{mo} & 0 & -\lambda_{mo}-3\lambda_{mc} & 0 & 0 & 0 & 0 & \cdots & 0 \\
0 & 3\lambda_{mc} & 3\lambda_{mo} & 0 & -2\lambda_{mo}-2\lambda_{mc} & 0 & 0 & 0 & \cdots & 0 \\
0 & 0 & 2\lambda_{mc} & 0 & 0 & -3\lambda_{mo}-\lambda_{mc} & -\lambda_{mo}-2\lambda_{mc} & 0 & \cdots & 0 \\
0 & 0 & 0 & 3\lambda_{mc} & 2\lambda_{mc} & 0 & 0 & -2\lambda_{mo}-\lambda_{mc} & \cdots & 0 \\
0 & 0 & 0 & 0 & 2\lambda_{mc} & 3\lambda_{mc} & 0 & 0 & \cdots & 0 \\
0 & 0 & 0 & 0 & 0 & 2\lambda_{mo} & 2\lambda_{mo} & 0 & \cdots & 0 \\
0 & 0 & 0 & \lambda_{mo} & 0 & 0 & 2\lambda_{mo} & 0 & \cdots & 0 \\
0 & 0 & 0 & 0 & 0 & 0 & 0 & 0 & \cdots & 0 \\
0 & 0 & 0 & 0 & 0 & 0 & 0 & 0 & \cdots & 0 \\
\end{bmatrix}
\tag{5.59}
$$

其中,系统的初始状态可表示为

$$\left[P_0(0),\ P_1(0),\ P_2(0),\ \cdots,\ P_{10}(0),\ P_{11}(0),\ P_{12}(0) \right]^{\mathrm{T}} = \left[0,\ 0,\ 0,\ 0,\ 0,\ \cdots,\ 0,\ 0,\ 0 \right]^{\mathrm{T}}$$

主DP控制系统的可靠性可定义为

$$R_{\mathrm{M}}(t) = P_0 + P_1 + P_2 + P_3 + P_4 + P_5 + P_6 + P_7 + P_8 + P_9 + P_{10} + P_{11} \tag{5.60}$$

主DP控制系统的失效率可定义为

$$\lambda(t) = 1 - R_{\mathrm{M}}(t) \tag{5.61}$$

5.4.3　备用DP控制系统的状态转移

备用DP控制站由于没有采用冗余配置,控制系统可假设简化为一台显控台和一台控制计算机,显控台与控制计算机的故障率同主DP控制站。备用DP控制系统的状态转移如表5.3所示。通过Markov状态转移计算可得备用DP控制系统的失效率,备用DP控制系统的可靠性 $R_{\mathrm{B}} = e^{-\lambda_c t}$,式中 λ_c 为计算机故障率。根据3级DP系统的操作流程,一般情况下只有当主DP控制站完全失效的情况下,才会启用备用DP控制站,所以即使主DP控制站完全失效,只要备用DP控制站工作正常,系统仍能继续定位,直至备用控制站失效,系统才完全失效。

表5.3　备用DP系统的状态转移

状态标识	状态说明	符号
0	初始完好状态	OC
1	显控台失效	XC
F	控制计算机失效	OX

5.4.4　整体可靠性及其预测结果

主DP控制站与备用DP控制站分别应用Markov模型之后,可分别得到主、备DP控制站的失效率。在基础上,再次应用Markov模型对整个DP控制系统进行失效分析,系统级DP的Markov建模过程见图5.17。M代表主DP控制站,B代表备用DP控制站,0代表初始系统完好状态,F代表系统失效状态。

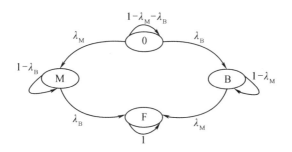

图5.17　系统级DP的Markov建模过程

最终,可获得整个DP控制系统的Chapman–Kolmogorov方程:

$$\begin{bmatrix} P_0'(t) \\ P_M'(t) \\ P_B'(t) \\ P_F'(t) \end{bmatrix} = \begin{bmatrix} -\lambda_M - \lambda_B & 0 & 0 & 0 \\ \lambda_M & -\lambda_B & 0 & 0 \\ \lambda_B & 0 & -\lambda_M & 0 \\ 0 & \lambda_B & \lambda_M & 0 \end{bmatrix} \begin{bmatrix} P_0(t) \\ P_M(t) \\ P_B(t) \\ P_F(t) \end{bmatrix}$$

$$\begin{bmatrix} P_0(0) \\ P_M(0) \\ P_B(0) \\ P_F(0) \end{bmatrix} = \begin{bmatrix} 1 \\ 0 \\ 0 \\ 0 \end{bmatrix} \tag{5.62}$$

由此,整个DP控制系统的可靠性可定义为

$$R(t) = P_0 + P_M + P_B \tag{5.63}$$

根据图5.17中各状态概率可求得

$$\begin{bmatrix} P_0(t) \\ P_M(t) \\ P_B(t) \\ P_F(t) \end{bmatrix} = \begin{bmatrix} \dfrac{1}{e^{(\lambda_M + \lambda_B)t}} \\ \dfrac{1}{e^{\lambda_B t}} - \dfrac{1}{e^{(\lambda_M + \lambda_B)t}} \\ \dfrac{1}{e^{\lambda_M t}} - \dfrac{1}{e^{(\lambda_M + \lambda_B)t}} \\ -\dfrac{1}{e^{\lambda_B t}} - \dfrac{1}{e^{\lambda_M t}} + \dfrac{1}{e^{(\lambda_M + \lambda_B)t}} + 1 \end{bmatrix} \tag{5.64}$$

所以,整个Class 3 DP系统的可靠性为

$$R(t) = \frac{1}{e^{\lambda_M t}} + \frac{1}{e^{\lambda_B t}} - \frac{1}{e^{(\lambda_M + \lambda_B)t}} \tag{5.65}$$

备用控制站由于未采用冗余设置,在相同的软、硬件配置条件下,理论上主控系统的可靠性会比备用控制系统相对高一些,为此设置如表5.4所示的主备控制站的失效率,并以此考察DP系统的可靠性趋势。实际主控与被控系统的故障率取决于各系统部件的故障率(表5.5),以及系统的Markov模型,这里主要为了揭示主($R_M(t)$)、备DP($R_B(t)$)以及整个DP($R(t)$)的可靠性对比趋势。

表5.4　主备控制站的失效率组合

控制系统	故障率/h^{-1}		
	点虚线	虚线	实线
主DP	$1.0×10^{-5}$	$5.0×10^{-6}$	$1.0×10^{-4}$
备用DP	$1.0×10^{-4}$	$5.0×10^{-5}$	$1.0×10^{-3}$

表5.5　显控台与控制计算机的故障率

控制设备	故障率/h^{-1}		
	实线	虚线	点虚线
显控台	$1.7×10^{-6}$	$1.7×10^{-5}$	$1.7×10^{-3}$
控制计算机	$1.7×10^{-6}$	$1.7×10^{-5}$	$1.7×10^{-4}$

通过对式(5.65)的求解,可得主控制系统和备用控制系统在不同故障率组合下的 Class 3 DP系统的整体可靠性预测结果,如图5.18所示。点虚线为主、备控制系统故障率, 分别为$\lambda_M=1.0×10^{-5}$/h,$\lambda_B=1.0×10^{-4}$/h;虚线为主、备控制系统故障率,分别为$\lambda_M=5.0×10^{-6}$/h,$\lambda_B= 5.0×10^{-5}$/h;实线为主、备控制系统故障率分别为$\lambda_M=1.0×10^{-4}$/h,$\lambda_B=1.0×10^{-3}$/h。通过对比可以 看出,当主、备控制系统的故障率组合分别为$\lambda_M=5.0×10^{-6}$/h与$\lambda_B=5.0×10^{-5}$/h、$\lambda_M=1.0×10^{-4}$/h与 $\lambda_B=1.0×10^{-3}$/h时,系统还能保持较高的可靠性。当系统运行了50 000 h时,系统无故障运行 还可以保持为80%与60%的概率。随着主、备控制系统故障率的升高,Class 3系统的整体 可靠性呈现下降趋势。特别当主、备控制系统故障率分别为$\lambda_M=1.0×10^{-4}$/h,$\lambda_B=1.0×10^{-3}$/h时, 系统的整体可靠性骤降,系统在50 000 h的运行时间内很可能会失效。

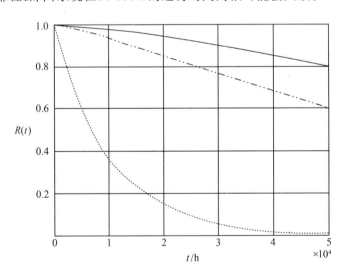

图5.18　Class 3 DP系统的整体可靠性预测结果

设置如表5.5所示的显控台与控制计算机的故障率组合,考察主要硬件故障对系统的可靠性影响,可靠性预测结果如图 5.19 所示。根据 IEC(国际电工委员会)组织建议的控制计算机故障率 $\lambda_c = 1.737 \times 10^{-5}$/h,该推荐故障率是综合显控台、CPU、I/O 输入输出、总线以及电源模块的故障率。本书在该故障率的基础上,分别选取了其前后各一个数量级开展了对比研究。

当显控台与控制计算机的组合故障率为 $\lambda_o = 1.7 \times 10^{-6}$/h 与 $\lambda_c = 1.7 \times 10^{-6}$/h 时,系统可以一直保持无故障运行。随着组合故障率的升高,Class 3 系统的整体可靠性呈现下降趋势,但在 8 760 h(1 年)的运行时间内,系统仍可以 98% 左右的概率保持无故障运行在组合故障率为 $\lambda_o = 1.7 \times 10^{-5}$ 和 $\lambda_c = 1.7 \times 10^{-5}$/h 的情况下。如果系统超过 20 000 h,则肯定会失效在组合故障率 $\lambda_c = 1.7 \times 10^{-4}$/h 和 $\lambda_o = 1.7 \times 10^{-4}$/h 的情况下。

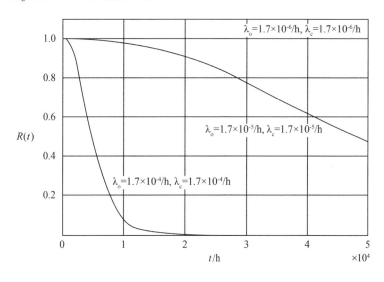

图 5.19　不同部件故障率组合下的系统可靠性

最终需要说明的是,实际物理系统的状态数量将直接影响系统 Markov 模型状态转移的复杂程度,最终可能导致计算失效,这是制约 Markov 可靠性定量分析的一大瓶颈。如果不分割直接对整个系统进行 Markov 建模,Chapman-Kolmogorov 方程很可能无法获得可行解。本书将主、备控制站分别进行 Markov 建模,主控 DP 需要考虑的状态量仅为 12 个,备用 DP 需要考虑的状态量仅为 3 个,整个系统 Markov 模型需要考虑的状态量仅为 4 个,大大简化了计算量,使得每个对应的 Chapman-Kolmogorov 方程较大可能获得可行解。

在可靠性安全评估时,均需要对复杂物理系统进行适当简化。简化系统需要考虑的零部件种类与数量对 Markov 的状态数量增加影响很大。一方面系统不可过度简化,另一方面要考虑 Markov 建模计算的复杂性。本章的控制系统只提及了显控台与控制计算机对其的影响,并没有考虑网络的故障影响,对于双重冗余网络的故障会在后续的研究中纳入 Markov 模型,并对其进行分析。

第6章 DP控制系统FMEA分析

6.1 概述

故障模式与影响分析(FMEA)是定性地对大型复杂系统或产品可能发生的各种故障及对系统可能造成的影响进行系统、全面的分析,是可靠性分析方法的一种。当需要考虑危害性时,称为故障模式与影响及危害性分析(FMECA)。目前在船舶与海洋工程领域,FMEA主要应用于船上各种重要系统的设计分析,如推进系统、推进遥控系统和高速船舶的主要功能系统等,尤其适用于DP控制系统。

6.2 故障模式与影响分析方法

6.2.1 失效模式、影响分析与诊断

FMEA在设计阶段开展工作,其具体步骤(图6.1)如下:
(1)分析系统潜在的故障模式以确定对系统的影响;
(2)依据故障模式的严酷度和发生概率将潜在故障模式分类;
(3)建议措施消除或补偿不可接受的影响。

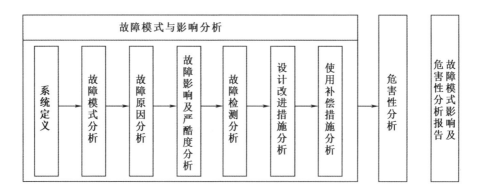

图6.1 FMECA分析步骤

19世纪60年代后期,FMEA主要用于评估航天工业中系统部件的可靠性和安全性。19世纪80年代后期,福特汽车公司将FMEA应用到汽车的制造和组装过程以改进生产。当前,FMEA几乎在所有工业中用于产品和流程的设计,以及软件与服务的设计。随着市场竞争的日益激烈,FMEA有助于保证已投放市场且满足顾客所需的新产品是可靠、安全和经

济的。

FMEA的基本目的是希望在开发过程中提前预知重大的设计问题,尽可能有效地防止这些问题的发生或减轻问题发生所带来的后果。另外,FMEA为设计开发、辅助评估、跟踪和提升设计等提供规范、系统的分析方法。

由于FMEA是在设计早期阶段开始,并贯穿于系统的全生命周期,所以,FMEA成为记录设计和影响系统质量及可靠性的所有变化的一本日志。

1.FMEA类型

所有的FMEA都集中在设计和评估系统故障对性能和安全性的影响。然而,一般FMEA是基于产品制造和组装中是分析产品设计还是分析过程来分类的。FMEA主要分为以下两类。

(1)产品FMEA。检查产品(典型的硬件或软件)可能发生故障的方式以及影响产品工作的情况。产品FMEA表示能够预防潜在设计故障的工作。因此,产品FMEA亦称为设计FMEA。

(2)过程FMEA。检查在制造和组装过程中的故障能够影响工作和产品或服务质量的情况。过程FMEA表示在第一个产品出来之前能预防潜在过程故障的工作。

虽然FMEA能在系统任一层次开始,并使用或自上向下或自下向上的方法,但是现在的产品和过程趋于复杂,因此,大多数的FMEA使用递推的自下向上的方法,用系统最底层次产品的故障模式开始分析,然后逐步地迭代直到接近较高的层次,最终到达系统级层次。不管系统分析的方向如何,要确定所有潜在故障模式并填入FMEA工作表(硬拷贝或电子版,故障模式分类与故障模式影响的严酷度有关)。

例如,在一个非常简单的产品FMEA中,电脑显示器有一只电容器作为它的一个元件,通过查看设计说明就可以确定。如果电容器开路(故障模式),显示器就出现波纹(故障影响);如果电容器短路(故障模式),显示器就显示空白(故障模式)。在评估这两个故障模式时,电容器短路则更为严重,因为显示器完全不能用了。在FMEA工作表中,可以列出预防这种故障模式或减小其严酷度的措施。

2. FMEA入门

依据故障模式所在的层次,可以将FMEA进一步分类。

(1)功能FMEA。重视完成产品、过程或服务的功能,而不是重视实现的特性。在开展功能FMEA时,使用功能框图来确定图中每个功能块的顶层故障模式。比如,加热器的两个故障模式——加热器不能加热和加热器始终加热。因为FMEA在方案设计阶段期间开始应用是最好的,所以在利用特定硬件信息很长一段时间以前,就开始进行FMEA,功能FMEA通常是最实用和最可行的办法,特别是对于大型、复杂产品或生产,通过功能比通过工作细节更易于理解。对于复杂的系统,功能FMEA通常开始于系统的最顶层,并使用自上向下的方法。

(2)接口FMEA。注视系统单元之间的联系,以便于确定它们之间的故障并进行记录,验证其是否满足需求。在开展接口FMEA时,通常要研究各种接口类型(电缆、电线、光纤、机械连接、液压管、输气管、信号、软件等)的故障模式。系统互联一旦定义了就应开始接口FMEA,以保证使用的协议正确和所有互联满足设计需求。

(3)细节FMEA。注视指定执行的特性以保证设计遵循需求,可导致终端产品功能的丧失、单点失效,故障检测及隔离。在后期设计及研制阶段,一旦确认了系统(零件,软件程序或工艺规程步骤)的单个产品,FMEA就能评估故障模式的失效原因及对最低层次系统产品产生的影响。对于硬件的细节FMEA,通常称为单个部件FMEA,是最一般的FMEA应用。它通常以最低的零件层次开始,并使用自下向上的方法来核查设计验证、协调和确认。

设计复杂性和数据有效性(除时间与费用外)方面的变化将决定使用的分析方法。有些情况可能需要在功能层次上进行一部分分析,在接口和细节层次上对另一部分进行分析。在其他情况下,最初需求可能是功能FMEA,然后进行接口FMEA,最后进行细节FMEA。因此,对更复杂的系统进行FMEA时,需要利用FMEA的三种方式的工作表开展FMEA。

3.FMEA标准

下面介绍政府、军方及商业组织通常所用的FMEA标准。

(1)美军标准MIL-STD-1629

MIL-STD-1629(《故障模式、影响及危害性分析程序》)是早已被世界各国政府、军方和商业组织使用的、长期公认的FMEA标准。MIL-STD-1629最初于1980年出版,它提供了确定故障模式及影响分析的步骤,后来又添加了危害性、维修性及易损性评估(表6.1)。

表6.1 美军标准MIL-STD-1629说明

标题	说明
任务101: 故障模式及影响分析	用于研究产品故障对系统工作的影响,以及按照其严酷度分类,是每一个潜在故障模式的一种定性分析方法
任务102: 危害性分析	危害度扩展了FMEA,包括严酷度分类的综合影响,以及为元件或功能提供定量危害度等级的发生概率
任务103: FMEA维修性信息	FMEA维修性信息及早地为维修计划、后勤保障、测试计划和检查需求提供了准则,并确定所需纠正措施的维修性设计特性
任务104: 破坏模式及影响分析	破坏模式及影响分析及早地为生存性和易损性评估提供了准则

(2)IEC60812(1985—07)

国际电工委员会(IEC)出版的IEC60812(1985—07)《系统可靠性分析技术 故障模式与影响分析(FMEA)程序》,叙述了FMEA及FMECA,主要内容包括:

①提供了必须完成分析的程序步骤;

②确定相关的术语、假设、危害性度量及故障模式;

③确定了基本规则;

④提供了有工作表的示例。

（3）汽车FMEA

在汽车行业中，汽车工程协会（SAE）、汽车工业行动集团（AIAG）和福特汽车公司都有进行FMEA形成的文档。为方便起见，将这些不同的标准称为汽车FMEA。汽车FMEA按其用于设计还是过程来对FMEA分类。

（4）SAE ARP 5580 FMEA标准

为制定一个被广泛接受的标准FMEA，SAE出版了ARP 5580。它是由一个包含政府、工业和研究单位代表建立的专业分支委员会编写，这个FMEA标准不仅反映了商业实践，而且满足了国防部门严格的指导要求。

这是一个跨越军方和商业壁垒而被广泛接受的FMEA标准。在ARP 5580中，二者最显著的区别是对故障等价分类的支持，允许重视故障后果的管理而不是单个的故障模式。

虽然分析单一故障模式的传统方法已十分系统化，尤其是在大型或复杂系统上完成FMEA，但是传统方法很烦琐。为自动完成FMEA及简化FMEA，ARP 5580建议把产生同样后果的故障模式分组，并分配给它们相同的故障识别码（FIN）。拥有相同的FIN的故障模式都必须有相同的后果，包括局部影响、高一层次影响、最终影响以及严酷度。使用故障等价分组能大大减少重复并增加一致性。

6.2.2 FMEA报告

在FMEA过程中，FMEA的草稿要定期评审和讨论。在过程结束后，FMEA必须有分析完整的记录，还包括追踪生产方案，源于设计质量不高或生产实践不够的故障，以及缺乏消除或减少关键性设计缺陷的严酷度的纠正措施等。样机开发的第一阶段，FMEA应该作为一个单独报告提请正式批准。关于FMEA最终报告内容的详细信息展示，在FMEA标准［如MIL-STD-1629、IEC 60812（1985-07）、汽车FMEA、SAE ARP5580等］中。通常FMEA报告应由介绍、概述和细节分析的结果组成。

1.报告介绍

一般出现在FMEA报告介绍或封面上的信息包括：
①所分析系统的名称和说明；
②执行分析的约定层次；
③预备的组织或团队成员表；
④顾客和最终用户的描述；
⑤进行分析的类型（产品FMEA或过程FMEA）；
⑥采用的分析方法（功能FMEA、接口FMEA、细节FMEA）；
⑦完成工作表的类型（故障模式、危害性、维修性等）；
⑧FMEA批准日期；
⑨批准人签名。

2.报告概述

一般出现在FMEA报告概述中的信息包括：

①在系统定义叙述表格中的系统描述；

②使用在执行分析中的数据源和技术的列表；

③形成FMEA基础的基本规则和假设；

④分析结果的概述；

⑤对设计无法纠正的问题列表，以及需要降低失效风险的特定控制措施的确认；

⑥在合理解释对于每个产品的排除情况下，从FMEA中省略的产品列表；

⑦以FMEA分析为基础，消除或降低故障风险的建议。

3.细节FMEA分析的结果

一般出现在细节FMEA分析报告中的信息包括：

①用于每个约定层次分析的可靠性框图和功能框图；

②分析系统和产品的功能描述；

③每个任务的说明，要完成确定任务的阶段工作模式；

④对严酷度类别、发生概率、检测水平使用的排序尺度的描述（如果必要的话）；

⑤如果执行危害性分析，必须说明风险优先数法（risk priority number，RPN）和危害性分析层次；

⑥获得每个产品FMEA结果的详细工作表，首先描述最高约定层次，接着是通过工作表降低系统约定层次；

⑦用于开展FMEA的数据源备份。

6.2.3　FMEA的局限性

FMEA能在单个产品或由成千上万个元件组成的系统中展开。虽然FMEA以前由人工完成工作表，但如今经常使用专门为开展FMEA设计的计算机化的扩展表格或软件包，将开展FMEA从纸上移到电脑上，为此提供了：

①更加快速、准确地生成FMEA软件程序；

②当设计更改时易于编辑和更新信息；

③修改设计选择、观点及输入假设；

④自动报告准备工作，包括灵敏度分析；

⑤与其他软件用于图形表示、文字处理和可靠性信息数据的交互；

⑥按危害度顺序，在不同系统层次、不同阶段或从不同观点排列影响顺序。

FMEA软件程序提供了创建、存储、恢复和修改共用的FMEA数据元素。为一致起见，使用统一的术语和文档模板，并适用于总体更改。最重要的是，FMEA软件将工程师们从格式化和一致性问题中解放出来，使其更加关注FMEA所要求的工程原则，而不是格式和一致性问题。不好的趋势在于，分析者有时会注意数据输入而不注意设计本身的基本技术问题。有时，数值相对于一般常识来说变得过分重要了。

1.FMEA的优点

有效的FMEA能辨识出所有故障模式及其影响，并且指出如何消除故障模式或降低影

响,以使设计更加可靠、安全。除了提高质量和安全性以外,FMEA的优点还包括:

①由于优化产品及过程,增加了顾客的满意度;

②在考虑普通顾客的习惯和工作环境差别后,能有更耐用的设计;

③对于故障修复、故障容错、故障检测和隔离,能较早准备诊断程序(例如检查清单、流程图和故障表);

④基于引起产品失效可能性的更有效的测试和生产计划;

⑤拥有更好的机内测试(BIT)设计、失效显示和冗余(适用的和必要的);

⑥可尽早确定自动的或人工的测试设备,需要经济的测试硬件,特别是电子子系统组件和系统及其故障诊断;

⑦优先配置性能监测、故障传感装置及测试点;

⑧可尽早为自动测试与BIT开发软件;

⑨基于重大故障影响而提出更好的防护维修需求;

⑩在原型和产品开发制造阶段,尽可能少地耗费很大的工程修改;

⑪正式记录安全性和可靠性分析案例的综合设计文档,常常满足客户或产品安全性的诉讼需要。

十分关注设计薄弱环节以及生产和产品服务中出错的地方,因此,FMEA在产品及过程设计中扮演了很重要的角色。

2.FMEA的局限性

FMEA只考虑非并发(或同时)的故障模式。每个故障模式被认为是互相独立的,即假定系统所有其他产品按照设计运行。因为这一点,FMEA只能提供有限的分析,而以下的异常行为是没有被考虑在内的,例如:

①多个部件失效对系统功能的影响;

②潜在故障的表现形式如时间、顺序等;

③对冗余产品的影响。

其他分析技术如故障树分析、潜在通路分析,马尔可夫分析和计算机辅助仿真可以在那些异常行为发生时使用。

同样,为确定纠正措施,FMEA中故障模式的优先级可能是高度主观化的。然而,为了评价风险和使用综合方法开展FMEA,清晰定义的方法可以大大降低其主观性。

6.3 故障模式

故障模式说明了产品或系统中的器件以什么样的模式发生故障,是故障的外部表现形式。整个FMEA以故障模式为基础,需要全面考虑系统可能存在的一切故障模式,并对产生每一种故障模式的所有可能的原因进行分析。故障原因主要包括由产品自身的物理、化学或生物变化过程等引起的直接故障原因,以及由其他产品的故障、环境因素和人为因素等引起的间接故障原因。表6.2所列出的故障模式主要包括了不同种类的元器件或零件级设备的故障模式,在进行FMEA分析时,需要将庞大的系统分解成若干个子系统,将设备分为若干个主要部件,子系统或部件又可下分为若干个小子系统或元器件等,所以整个系统的故障模式包括了系统不同级别层中的结构性故障与功能性故障。当然,除了硬件方面的故障外,还包括软件方面的故障,以及软、硬件之间的接口故障等。

表6.2　不同种类元器件或零件级设备可能发生的故障模式

序号	故障模式	序号	故障模式
1	(电的)开路	17	结构破损
2	(电的)短路	18	机械卡死
3	(电的)泄漏	19	颤振
4	无输入	20	不能开机
5	输入量过小	21	不能关机
6	输入量过大	22	误开
7	无输出	23	误关
8	输出量过小	24	不能保持在指定位置
9	输出量过大	25	内漏
10	提前运行	26	外漏
11	滞后运行	27	超出允许上限
12	不能开机	28	超出允许下限
13	不能关机	29	间断性工作不稳定
14	不能切换	30	漂移性工作不稳定
15	错误动作	31	意外运行
16	流动不畅	32	错误指示

6.4　故障传播与影响分析

由于系统的各部分往往是相互联系的,因此,一个设备的故障可能会导致与其相关的其他设备的故障的发生。随着故障的传播,较低级别子系统的故障影响可以是其上一级别子系统的故障模式;同样,较低级别子系统的故障影响也可以成为较高级别子系统的故障原因。为此,准确地表述系统中各种故障的传播有利于对故障进行快速、准确定位,尽可能减少故障对系统造成的影响。FMEA采用的是自下而上、由因到果的逻辑归纳法,从系统结构最底层的元器件开始,逐渐向上跟踪到系统级,分析每个故障模式对系统各层性能可能造成的影响。

用向量$f_{c,i}$表示系统第i层中组件的故障模式,向量$e_{c,i}$表示故障$f_{c,i}$在系统第i层中所造成的故障影响,矩阵M_i^f表示故障传播关系。矩阵M_i^f中的元素运用布尔逻辑进行定义,1表示故障模式$f_{c,i}$会造成故障影响$e_{c,i}$,0表示表示故障模式$f_{c,i}$不会造成故障影响$e_{c,i}$,所以本层的故障传播有如下逻辑关系成立：

$$\boldsymbol{M}_i^f \otimes \boldsymbol{f}_{ci} \rightarrow \boldsymbol{e}_{ci} \tag{6.1}$$

其中，式(6.1)中的 $e_{ck} = (m_{k1} \wedge f_{c1}) \vee (m_{k2} \wedge f_{c2}) \vee \cdots \vee (m_{kn} \wedge f_{cn})$ 表示不同的故障模式会造成同样的故障影响，符号 $\wedge$ 表示逻辑与运算，符号 $\vee$ 表示逻辑或运算，m_{ki} 是矩阵 $\boldsymbol{M}_i^f$ 中第 k 行中的元素。

考虑到系统第 i 层的故障影响 e_{ci} 可以是由第 $i-1$ 层的故障传播所造成，所以存在如下逻辑关系：

$$\boldsymbol{M}_i^f \otimes \begin{bmatrix} \boldsymbol{f}_{ci} \\ \boldsymbol{e}_{c,i-1} \end{bmatrix} \rightarrow \boldsymbol{e}_{ci} \tag{6.2}$$

其中，$\boldsymbol{e}_{c,i-1} \leftarrow \boldsymbol{M}_{i-1}^f \otimes \begin{bmatrix} \boldsymbol{f}_{c,i-1} \\ \boldsymbol{e}_{c,i-2} \end{bmatrix}$，以此类推，处于系统最低级别的故障可逐渐跟踪至系统级，如图6.2所示。根据故障影响 e_{ci}，借助逻辑推理对故障传播矩阵求逆 $\boldsymbol{f}_{ci} \leftarrow (\boldsymbol{M}_i^f)^{-1} \otimes \boldsymbol{e}_{if}$ 来定位相对应可能发生的故障。

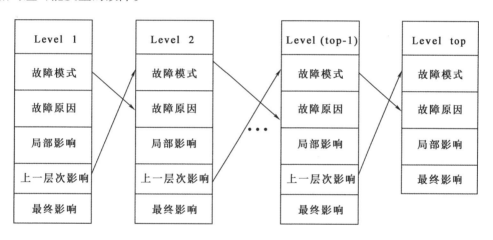

图6.2 系统机构中各层之间的故障传播关系

6.5 危害性分析

FMEA的重要结果之一是故障模式和影响的危害性评估。危害性分析(CA)确定了单一故障模式的意义，有助于区分纠正措施的优先次序。把FMEA扩展到包括危害性分析，必须定义度量危害性的方法。定性方法包括风险优先数法(risk priority number，RPN)、风险水平、危害性矩阵和帕雷托(Pareto)排序。定量方法包括使用失效率数据计算故障模式危害度和产品危害度。当考虑危害度时，FMEA工作表包括了表示故障模式可能发生频率的栏目。当失效率数据不可用时，可以使用危害性的定性方法。当失效率数据可用时，通常使用危害性的定量方法。较大的危害度值表示故障模式危害较大。

定性的危害性分析法是将单一故障模式发生概率分成明显不同的逻辑定义的等级，确定危害度值，并将其填入FMEA工作表的相应栏中。

6.5.1　风险优先数

风险优先数是FMEA中评估某种故障模式对系统安全与正常运行能力的危险程度,它主要综合考虑了故障的发生率O(Occurrence)、故障的严重程度S(Severity)及系统对故障的可检测程度D(Detection)三大因素,RPN的关系表达式如下:

$$RPN = O \times S \times D \tag{6.3}$$

通常对O、S与D分别采取一定的评分规则,通过式(6.3)计算所得到的RPN越大,说明该故障模式对系统安全与正常运行的威胁越大,因此对该故障模式会优先采取补救措施。针对每一种故障模式,利用该故障模式的O、S与D的乘积进行风险评估时,往往会出现不同故障模式的RPN值相同。比如在故障的可检测程度相差不大的情况下,发生率高但严重度低的故障模式,可能会与发生率低但严重度高的故障模式的RPN值相同,而实际上我们更加注意严重度高的故障模式。对传统RPN评估时,对O、S与D的相对重要性默认为相同,而对于某些不可修复系统,在评估RPN时对故障发生率与故障严重度的权重应该高于系统对故障的检测难度等级。

6.5.2　风险水平

在故障模式及影响分析中,保罗·帕拉迪(Paul Palady)描述检测水平如何起作用,并解释故障模式应该只基于严酷度和发生概率来区分优先等级,这两个参数是主要的。为评估危害性,帕拉迪建议将所有故障模式影响的严酷度和发生概率值绘制在一个区域图上,然后将这个图分成三个风险区域,即高、中、低,如图6.3所示。

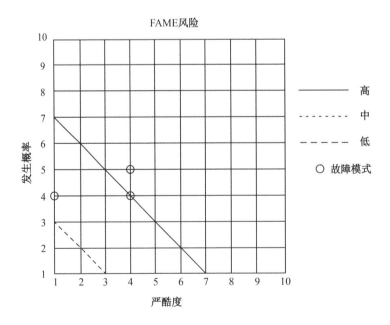

图6.3　风险水平区域图

基于故障模式在表中的位置,给故障模式赋值一个风险水平。将高风险线以上的故障模式标记为高风险,将两线之间的故障模式标记为中风险,将低风险线以下的故障模式标记为低风险。

6.5.3　帕雷托等级

SAE ARP 5580 中的危害性程序是基于多准则的帕雷托等级系统。在这个 FMEA 标准中,等级是通过涵盖所有故障模式并找到非主导的故障模式而进行定义,这些故障模式就其严酷度和发生概率来说等级都不太高。非主导故障模式的第一组被指定为等级 1,上一层次非主导故障模式被指定为等级 2。此过程继续进行,直至所有故障模式都有等级为止。故障模式的危害性最大时,指定的等级值也最高。

定量的危害性分析方法使用与可靠性和维修性分析相同的失效率数据源。故障模式危害度可用如下公式计算:

$$C_m = \beta \alpha \lambda_p t \tag{6.4}$$

式中　C_m——故障模式的危害度;

β——功能或任务丧失的条件概率或故障影响概率;

α——故障模式比率(对于一个产品,$\sum \alpha = 1$);

λ_p——元件失效率或危险等级;

t——应用任务阶段持续时间,通常用小时或工作周期数表示。

如果 $\alpha = 1$ 或 $\lambda_p t \ll 1$,则 $\lambda_p t$ 可用故障概率 $1 - \exp(-\alpha \lambda_p t)$ 替换。

产品危害度可采用如下计算公式:

$$C_r = \sum (C_m) \tag{6.5}$$

式中　C_r——产品危害度;

C_m——故障模式的危害度。

6.6　DP 主要子系统的 FMEA 分析举例

6.6.1　DP 控制系统 FMEA 定性分析

本节主要对 DP 控制系统进行了危害性分析。定义可从下式得出:

RPN = (Severity Factor) × (Effect) × (Detection/Consequence Factor)

首先定义了 5 个等级的故障严重度(Severity),严重度依次从 1 递增到 5,如表 6.3 所示。故障的严重度等级表示一个特定的设备或系统失效后对运行的影响程度,这里的影响是指考虑了系统的冗余度或运行修复能力的基础上,对 DP 控制系统运行的全局状态的影响。

表6.3　故障严重度等级

等级	严重度
1	轻度的
2	临界的
3	严重的
4	致命的
5	灾难的

　　故障影响是故障发生的产物。在故障事件发生后,该影响旨在确认和证明系统对故障的响应/性能,以便不会发生位置损失,或证明较低的等级运行状态对于设计和预期冗余是足够的。故障影响等级如表6.4所示。

表6.4　故障影响等级

等级	故障等级说明
1	冗余:在DP控制系统范围内的设备或组件的丢失,不影响DP控制系统的能力[对于仅作为信息或具有类似用途的DP现场仪表的小型指示/丢失(继续正常使用)]。
2	降级冗余:导致DP控制系统配置丢失的三分之一的已安装系统或设备(例如,多台发电机/罗经/MRU/风传感器/现场站定义了极限的连续运行)。
3	无冗余:事件发生后,两个系统或组件中的一个丢失,将导致零冗余;而如果再发生一次故障,则导致位置丢失(要求立即进行准备工作以脱离DP,并应遵守特定操作指南或类似操作模板中规定的指导)。
4	共模/共因-不允许:导致级联效应的故障事件及不受控制的多系统效应,可能会丢失位置、断开连接。
5	停止:突如其来的故障会导致位置丢失或断开连接(不受控制的事件可能会导致人员流失、重大资本损失)。

　　检测-后果等级定义如表6.5所示。检测-后果因子根据系统检测故障的能力以及事件发生后系统的自动响应或能力,对失效的响应和当前系统状态进行评级。

表6.5　检测-后果等级定义

等级	等级说明
1	事件检测和警报:导致事件发生后有足够的系统冗余状态(出现警报或类似情况)。需要相关信息和最终的补救措施。
2	事件检测和警报:导致事件发生后系统冗余度降低。需要相关信息和短期补救措施(工程或程序)。
3	未检测到的事件:意外地导致事件发生后系统冗余度降低。需要相关信息和短期补救措施(工程或程序)。
4	事件检测和警报:导致事件发生后失去系统冗余。需要相关信息和及时的补救措施(操作员监视的自动化工程响应措施)。

表6.5（续）

等级	等级说明
5	未检测到的事件:在事件发生后意外导致系统冗余的丢失。需要相关信息和及时的自动补救措施(操作员监视)。
6	事件检测和警报:导致事件发生后系统生存能力丧失的严重情况。需要相关信息和及时的自动化安全关键恢复行动(操作员监视)。
7	事件检测和警报:共模故障导致事件后,系统冗余丢失或生存能力严重下降,进而导致级联事件场景。需要相关信息和及时的自动化安全关键恢复行动(操作员监视)。

　　"海洋石油981"深水钻井平台上装备的DP-3控制系统FMEA结果如表6.6—6.9所示。表6.6显示了DP-3系统的显控系统主要部件的故障模式和影响。可以看出,单个OS故障对船只DP定位没有任何影响,因为失去一个OS,其他OS仍在运行。最严重的故障模式发生在供电单元,该故障模式的RPN为8(2×2×2)。

表6.6　DP控制站的显控系统FMEA

系统	主要部件	故障模式	故障原因	全局影响	RPN
显控台 OS-1/2/3	UPS输入	短路电源故障	跳闸电缆馈线故障耗电元件故障	失去一台OS,其他OS仍在运行	2×2×1
	图像处理器	短路控制/硬件故障	部件故障PSU故障	失去一台OS,其他OS仍在运行	2×2×1
	供电单元	短路电源故障	蓝色引信跳闸耗电元件故障	失去一台OS,其他OS仍在运行	2×2×2
	显示单元	控制/硬件故障信号故障	丢失信号失去供电屏幕故障	不严重,其他OS仍在运行	2×2×1

　　表6.7显示了主DP控制站上三模冗余控制器的故障模式和影响。可以看出,单个控制器故障的DPC对定位没有任何影响(由于具有三重冗余配置)。但控制器的断路器(MCCB)因短路或电源故障而发生故障,RPN评估值为36(3×3×4),虽然从全局上看并不会影响DP的运行。

表6.7 DP计算控制系统的FMEA

系统	主要部件	故障模式	故障原因	全局影响	RPN
三模冗余控制器（A,B,C）	MCCB Q1/Q3	短路 电源故障	UPS 故障 PSU 故障	对DP运行没有影响	3×3×4
	远程控制单元（A/B/C）	控制/硬件故障 供电故障 处理故障	24 V直流电源故障 CPU 故障/崩溃过热	无DP操作损失，仅宣布降级操作状态	2×2×2
	高速串行IO总线（1/2/3/4）	信号故障 IO故障	—	无DP操作损失，仅宣布降级操作状态	2×2×2
	PSU1	短路 供电故障	UPS 故障 PSU 故障	冗余处理器和网络通信可通过PSU2：TB-X13或其他 UPS/MCCB, PSU 2、3、4	2×2×2
	PSU2	短路 供电故障	UPS 故障 PSU 故障	冗余处理器和网络通信可通过PSU1：TB-X11或其他 UPS/MCCB, PSU 1、3、4	2×2×2
	PSU3	短路 供电故障	UPS 故障 PSU 故障	冗余处理器和网络通信可通过PSU4：TB-X83或其他 UPS/MCCB, PSU 1、2、4	2×2×2
	PSU4	短路 供电故障	UPS 故障 PSU 故障	冗余处理器和网络通信可通过PSU3：TB-X81或其他 UPS/MCCB, PSU 1、2、3	2×2×2
	TB-X11	短路 供电故障	保险丝熔断 MCCB跳闸 故障转移/保险丝无法清除	—	2×2×2
	TB-X13	短路 供电故障	保险丝熔断 MCCB跳闸 故障转移/保险丝无法清除	—	2×2×2
	TB-X81	短路 供电故障	保险丝熔断 MCCB跳闸 故障转移/保险丝无法清除	—	2×2×2
	TB-X83	短路 供电故障	保险丝熔断 MCCB跳闸 故障转移/保险丝无法清除	—	2×2×2

表6.8显示了DP双冗余控制网络的故障模式和影响。可以看出,单个网络故障造成系统冗余度下降(黄色警告),只剩一套可用的网络。当双网络之一Net A或Net B发生故障时,将会产生比较明显的影响,即有可能导致DP控制单元之间的网络通信丢失,所以RPN可达36($3 \times 3 \times 4$)。

表6.9显示了差分全球定位系统DPS-132的故障模式和影响。由于位置参考系统的冗余性,单套位置参考系统的故障并不会对船舶位置保持产生影响。一旦该套位置参考系统发生故障,DP控制系统不会采用该组传感器的数据作为输入,在DPS-132的主要部件的故障模式中,最高的严酷等级得分为8($2 \times 2 \times 2$)。

表6.8　DP双冗余控制网络的FMEA

系统	主要部件	故障模式	故障原因	全局影响	RPN
网络A/B/C	A网	短路媒介故障	物理层问题切换设备故障/失去网络分配单元电阻故障/接地	失去A网通信,B网还在,系统冗余度下降(黄色警告)	$3 \times 3 \times 4$
	B网	短路媒介故障	物理层问题切换设备故障/失去网络分配单元电阻故障/接地	失去B网通信,A网还在,系统冗余度下降(黄色警告)	$3 \times 3 \times 4$
	C网	短路媒介故障	物理层问题切换设备故障/失去网络分配单元电阻故障/接地	失去与OS或者打印机的通信,或者失去与船首或船舯的通信,对定位没有影响	$2 \times 1 \times 1$

表6.9　DP传感器的FMEA

系统	主要部件	故障模式	故障原因	全局影响	RPN
差分全球定位系统	GPS天线	供电故障漂移	部件故障天线故障	与该天线相关的位置参考系统丢失,DP拒绝这个位置参考系统,由于参考系统冗余,对定位无影响	$2 \times 2 \times 2$
	IALA天线	供电故障漂移	部件故障天线故障	与该天线相关的位置参考系统丢失,DP拒绝这个位置参考系统,由于参考系统冗余,对定位无影响	$2 \times 2 \times 2$
	波束天线	供电故障漂移	部件故障天线故障	与该天线相关的位置参考系统丢失,DP拒绝这个位置参考系统,由于参考系统冗余,对定位无影响	$2 \times 2 \times 2$

表6.9（续）

系统	主要部件	故障模式	故障原因	全局影响	RPN
差分全球定位系统	波束解调器	供电故障控制/硬件故障	部件故障	由于冗余的差分校正，DP没有失去DGPS的输入	2×2×2
	DPS-132	供电故障控制/硬件故障	部件故障	位置参考系统冗余，对DP无影响	2×2×2
	UPS 1	短路	耗电元件故障跳闸	失去受影响的系统，由于参考系统冗余，对定位无影响	2×2×2
	UPS 2	短路	耗电元件故障跳闸	失去受影响的系统，由于参考系统冗余，对定位无影响	2×2×2
	从监视器	供电故障	部件故障	失去从监视器，对DP无影响	1×1×1
	DPS-132显控单元	供电故障	部件故障耗电元件故障	失去从监视器，对DP无影响	1×1×1

6.6.2　模型平台的推进系统FMEA定量分析

本小节对"海洋石油981"深水钻井平台模型的推进系统进行了FMEA分析。模型平台的推进系统是由课题组自行设计，由8个全回转推进器组成，底层的执行器控制程序运行在单片机上，通过CAN总线接收上层操控台发送的推进器期望控制指令，同时向操控台实时反馈各推进器的转速与方向角。全回转推进器的螺旋桨驱动部分由直流无刷电机与行星减速器构成，通过对直流无刷电机的脉冲提取实现推力大小控制系统的反馈。推进器回转部分由直流力矩电机与微型涡轮蜗杆减速器构成，采用电位计作为推力方向闭环控制系统的反馈。981平台模型的执行器控制系统如图6.4所示。

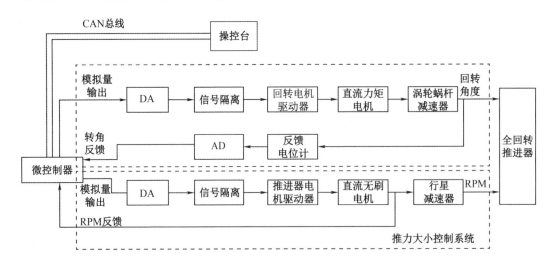

图6.4　981模型平台的执行器控制系统

为了有效进行FMEA,将981模型平台的推进系统简化为转速控制单元、回转控制单元、回转装置、推进装置、螺旋桨,在结构上分为两层,如图6.5所示。在故障模式的分析上,主要将981模型平台的推进系统的故障模式分为机械故障、电气故障、控制软件的功能性故障等,如表6.10所示。

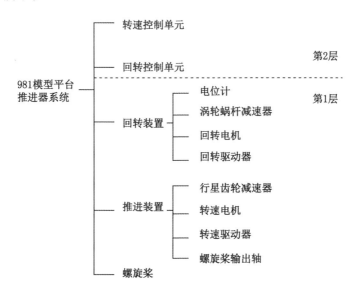

图6.5　981模型平台的推进系统的简易划分

表6.10　981模型平台的推进系统的FMEA

组件名称	故障模式	故障原因	故障检测方法	局部影响	全局影响
行星齿轮减速器	齿面胶合疲劳损伤	传递扭矩超过许用载荷;润滑不良	啮合声音判断	运动不平稳;外壳体轻微震动	推进器性能下降
2.5英寸螺旋桨叶	桨面损坏	超过许用传递功率	软件监测	推进器完全失效	影响DP能力
螺旋桨输出轴	疲劳损伤	生锈;连接键失效	上岸例行检修	影响传动效率;影响密封	推进器性能下降
涡轮蜗杆减速器	空程增大;疲劳损伤	润滑不良;装配精度较差	手动判断间隙大小	运动间隙增大;回转角度不准确	推进器回转精度差
电位计	回转信号反馈失败	电位计与回转电机连接松动;虚焊	软件监测	推进器回转失效	推进器回转失效

表 6.10（续）

组件名称	故障模式	故障原因	故障检测方法	局部影响	全局影响
转速电机	内部材料或机械结构损坏；转矩故障；驱动控制线路故障；密封失效；过热	磨损疲劳；加工装配不当；驱动控制线路短路、开路；内部绕组发热	软件监测	推进器完全失效	影响DP能力
回转电机	内部材料或机械结构损坏；转矩故障；驱动控制线路故障；过热	磨损疲劳；加工装配不当；驱动控制线路短路、开路；内部绕组发热	软件监测	推进器回转失效	影响抵抗环境扰动的能力
回转电机驱动器	过热；转矩过载	绝缘破坏；电机卡死	软件监测	推进器回转失效	影响抵抗环境扰动的能力
转速电机驱动器	过热；转矩过载	绝缘破坏；电机卡死	软件监测	推进器完全失效	影响DP能力
回转控制单元	通信故障；软件错误；IO失败	接线断开	软件监测	推进器回转失效	影响抵抗环境扰动的能力
转速控制单元	通信故障；软件错误；IO失败	接线断开	软件监测	推进器完全失效	影响DP能力

通过对故障传播矩阵求逆来定位相对应可能发生的故障。回转控制闭环故障传播分析图如图6.6所示。

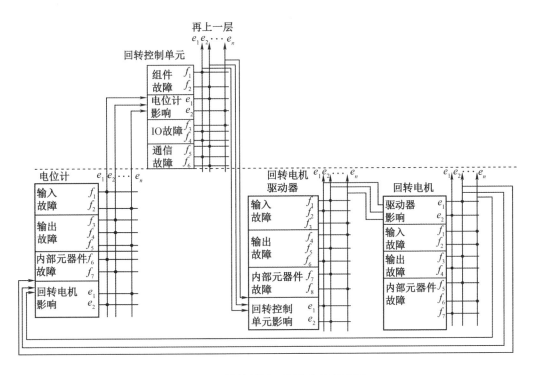

图6.6　回转控制闭环故障传播分析图

1.模糊权重因子的引入

在现实系统中,往往很难对风险因子O、S与D进行准确界定与精确划分危险程度,为此,模糊逻辑被广泛引入风险因子O、S与D的评估中。不过各风险因子的权重系数是由专家根据经验事先确定的,需要指出的是,不同专业领域的专家由于其专业背景与工程经验的差异,可能对同一故障模式的各风险因子的权重评估存在诸多不同,所以本文在应用模糊语言评价风险因子O、S与D的等级的基础上,对风险因子O、S与D的权重也采取模糊语言产生。风险因子的模糊权重的隶属度函数如图6.8所示,对应的模糊语言集与模糊数如表6.11所示。评价风险因子O、S与D的模糊语言集分别如表6.12—表6.14所示,O、S与D均采用三角形隶属度函数(a, b, c)。

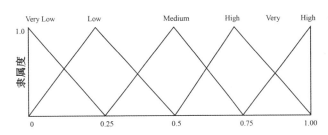

图6.7　风险因子的模糊权重的隶属度函数

表6.11 风险因子的模糊权重的模糊语言集与模糊数

模糊语言	模糊数(a,b,c,d)	清晰数
Very Low（VL）	$(0, 0, 0.25)$	0.25/6
Low（L）	$(0, 0.25, 0.5)$	1.5/6
Medium（M）	$(0.25, 0.5, 0.75)$	3/6
High（H）	$(0.5, 0.75, 1.0)$	4.5/6
Very High（VH）	$(0.75, 1.0, 1.0)$	5.75/6

表6.12 故障发生率O等级的模糊语言集与模糊数

故障发生率等级	模糊数(a,b,c)	清晰数
Very Low（VL）	$(0, 0, 2)$	2/6
Low（L）	$(0, 2, 4)$	12/6
Medium（M）	$(2, 4, 6)$	24/6
High（H）	$(4, 6, 8)$	36/6
Very High（VH）	$(6, 8, 8)$	36/6

表6.13 故障严重度S的模糊语言集与模糊数

故障严重度等级	模糊数(a,b,c)	清晰数
Minor（M）	$(1, 1, 2)$	7/6
Very Low（VL）	$(1, 2, 3)$	12/6
Low（L）	$(2, 3, 4)$	18/6
Medium（M）	$(3, 4, 5)$	24/6
High（H）	$(4, 5, 6)$	30/6
Very High（VH）	$(5, 6, 7)$	36/6
Very Very High（VVH）	$(6, 7, 7)$	41/6

表6.14 故障检测度D的逻辑语言集与模糊数

故障检测度等级	模糊数(a,b,c)	清晰数
Almost Certain（AC）	$(1, 1, 2)$	7/6
Very High（VH）	$(1, 2, 3)$	12/6
High（H）	$(2, 3, 4)$	18/6
Medium（M）	$(3, 4, 5)$	24/6
Low（L）	$(4, 5, 6)$	30/6
Very Low（VL）	$(5, 6, 7)$	36/6
Remote（R）	$(6, 7, 7)$	41/6

假设FMEA评估团队有m个专家,根据各风险因子隶属度函数可得到n种故障模式的O、S与D的模糊等级定义,分别为$\bar{R}_{ij}^O = (R_{ija}^O,\ R_{ijb}^O,\ R_{ijc}^O)$,$\bar{R}_{ij}^S = (R_{ija}^S,\ R_{ijb}^S,\ R_{ijc}^S)$,$\bar{R}_{ij}^D = (R_{ija}^D,\ R_{ijb}^D,\ R_{ijc}^D)$,对风险因子$O$、$S$与$D$的模糊权重定义为$\bar{w}_j^o = (w_{ja}^o,\ w_{jb}^o,\ w_{jc}^o)$,$\bar{w}_j^S = (R_{ja}^S,\ R_{jb}^S,\ R_{jc}^S)$,$\bar{w}_j^S = (w_{ja}^S,\ w_{jb}^S,\ w_{jc}^S)$,其中$i = 1,\ 2,\ \cdots,\ n$,$j = 1,\ 2,\ \cdots,\ m$。集中团队中所有专家的意见,可得到第$i$种故障模式的$O$、$S$与$D$的模糊等级评估结果与各风险因子的相对模糊权重,分别如式(6.6)—式(6.11)所示:

$$\bar{R}_i^O = \sum_{j=1}^m h_j \bar{R}_{ij}^O = \left(\sum_{j=1}^m h_j R_{ija}^O, \sum_{j=1}^m h_j R_{ijb}^O, \sum_{j=1}^m h_j R_{ijc}^O \right) \tag{6.6}$$

$$\bar{R}_i^S = \sum_{j=1}^m h_j \bar{R}_{ij}^S = \left(\sum_{j=1}^m h_j R_{ija}^S, \sum_{j=1}^m h_j R_{ijb}^S, \sum_{j=1}^m h_j R_{ijc}^S \right) \tag{6.7}$$

$$\bar{R}_i^D = \sum_{j=1}^m h_j \bar{R}_{ij}^D = \left(\sum_{j=1}^m h_j R_{ija}^D, \sum_{j=1}^m h_j R_{ijb}^D, \sum_{j=1}^m h_j R_{ijc}^D \right) \tag{6.8}$$

$$\bar{\omega}^O = \sum_{j=1}^m h_j \bar{\omega}_j^O = \left(\sum_{j=1}^m h_j \omega_{ja}^O, \sum_{j=1}^m h_j \omega_{jb}^O, \sum_{j=1}^m h_j \omega_{jc}^O \right) \tag{6.9}$$

$$\bar{\omega}^S = \sum_{j=1}^m h_j \bar{\omega}_j^S = \left(\sum_{j=1}^m h_j \omega_{ja}^S, \sum_{j=1}^m h_j \omega_{jb}^S, \sum_{j=1}^m h_j \omega_{jc}^S \right) \tag{6.10}$$

$$\bar{\omega}^D = \sum_{j=1}^m h_j \bar{\omega}_j^D = \left(\sum_{j=1}^m h_j \omega_{ja}^D, \sum_{j=1}^m h_j \omega_{jb}^D, \sum_{j=1}^m h_j \omega_{jc}^D \right) \tag{6.11}$$

其中,h_j表示对团队中第j个专家意见的权重系数,与风险因子的权重系数相比,h_j更容易确定,所以h_j并没有采用模糊语言,h_j满足$\sum_{j=1}^m h_j = 1$且$h_j > 0$。

第i种故障模式基于模糊权重的模糊风险优先系数FRPN,定义为式(6.12),通过解模糊化计算,可获得系统每种故障模式的风险系数排序,其中,FRPN的表达式如下:

$$\text{FRPN}_i = \bar{\omega}^O \bar{R}_i^O + \bar{\omega}^S \bar{R}_i^S + \bar{\omega}^D \bar{R}_i^D \tag{6.12}$$

将第i种故障模式的模糊风险优先系数FRPN定义为式(6.13),通过对线性规划LP(Linear Programming)模型的求解来获取FRPN的α截集,最终通过对α截集的清晰化而得到清晰RPN值,这无疑大大增加了FMEA工作的计算量。FRPN的表达式如下:

$$\text{FRPN}_i = \left(\bar{R}_i^O \right)^{\frac{\bar{\omega}^o}{\bar{\omega}^o + \bar{\omega}^o + \bar{\omega}^o}} + \left(\bar{R}_i^S \right)^{\frac{\bar{\omega}^s}{\bar{\omega}^s + \bar{\omega}^s + \bar{\omega}^s}} + \left(\bar{R}_i^D \right)^{\frac{\bar{\omega}^D}{\bar{\omega}^D + \bar{\omega}^D + \bar{\omega}^D}} \tag{6.13}$$

2. 灰色关联评估

灰色系统理论在处理不确定性数据时比概率论、模糊理论更具优势,可以从很少的数据样本中发现隐含的规律。灰色关联分析为FMEA的RPN评估提供了新的思路,它通过灰色关联度来描述系统需要评估的指标数据与参考指标数据的关联程度,以此判断待评估指标对参考指标的发展趋势。

建立系统中每种故障模式x_i对风险因子O、S与D的比较序列见式(6.14):

$$
\begin{bmatrix} x_1 \\ x_2 \\ \vdots \\ x_n \end{bmatrix} = \begin{matrix} O & S & D \\ \begin{bmatrix} x_1(1) & x_1(2) & x_1(3) \\ x_2(1) & x_2(2) & x_2(3) \\ \vdots & \vdots & \vdots \\ x_n(1) & x_n(2) & x_n(3) \end{bmatrix} \end{matrix} \tag{6.14}
$$

RPN值越小,表示系统所承受的风险越小,参见表6.12—表6.14,以各风险因子的最低等级为参考序列,如式(6.15)所示;当然也可以以各风险因子的最高等级为参考序列,如式(6.16)所示:

$$
X_0 = \left[x_0(1), x_0(2), x_0(3) \right] = \left[\text{Very Low}, \quad \text{Minor}, \quad \text{Almost Certain} \right] \tag{6.15}
$$

或者

$$
X_0 = \left[x_0(1), x_0(2), x_0(3) \right] = \left[\text{Very High}, \quad \text{Catastrophic}, \quad \text{Remote} \right] \tag{6.16}
$$

比较序列与参考序列之间的差值矩阵 D 可表示为

$$
D = \begin{bmatrix} \Delta_1(1) & \Delta_1(2) & \Delta_1(3) \\ \Delta_2(1) & \Delta_2(2) & \Delta_2(3) \\ \vdots & \vdots & \vdots \\ \Delta_n(1) & \Delta_n(2) & \Delta_n(3) \end{bmatrix} \tag{6.17}
$$

其中,$\Delta_i(k) = \left| x_0(k) - x_i(k) \right|$。

灰色关联系数 $\gamma\left(x_0(k), x_i(k) \right)$ 可由式(6.18)推得

$$
\gamma\left(x_0(k), x_i(k) \right) = \frac{\min\limits_{1 \leqslant i \leqslant n} \min\limits_{1 \leqslant k \leqslant m} \left| x_0(k) - x_i(k) \right| + \rho \cdot \max\limits_{1 \leqslant i \leqslant n} \max\limits_{1 \leqslant k \leqslant m} \left| x_0(k) - x_i(k) \right|}{\left| x_0(k) - x_i(k) \right| + \rho \cdot \max\limits_{1 \leqslant i \leqslant n} \max\limits_{1 \leqslant k \leqslant m} \left| x_0(k) - x_i(k) \right|} \tag{6.18}
$$

其中,分辨系数 $\rho \in (0, 1)$。

系统中的每种故障模式 x_i 的风险因子 O、S 与 D 对参考序列(最小风险等级)的最终灰色相关度 $r(x_0, x_i)$ 为

$$
r(x_0, x_i) = \sum_{k=1}^{3} w_k \gamma\left(x_0(k), x_i(k) \right) \tag{6.19}
$$

其中,w_k 为各风险因子的权重系数,可以由专家根据经验事先确定,也可以对权重系数采用模糊语言集。如果是以各风险因子的最低等级为参考序列,那么所得到的灰色相关度数值越大,说明该故障模式的风险优先数越小,对系统的影响就越小。反之,如果是以各风险因子的最高等级为参考序列,那么所得到的灰色相关度数值越大,说明该故障模式的风险优先数越大,对系统的危害与影响就越大。

选取了造成推进器失效的4种故障模式:电位计反馈失败、转速减速器疲劳损伤、转速电机密封失效、螺旋桨桨面损坏。分别对以上4种模式进行了基于模糊推理和灰色关联的风险等级评估。(FMEA小组中的成员对以上4种故障模式的风险因子的评估结果如表6.15所示,根据式(6.6)—式(6.11),集中该FMEA小组的评估意见,对FMEA小组中4位成员的能力依次采取0.25,0.30,0.25,0.20的加权系数,如表6.16所示。)表6.17为基于模糊推理的

风险等级结果,表6.18为灰色关联系数的风险等级评估结果。

表6.15 FMEA成员对故障模式的评估

风险因子	专家成员	风险因子权重	故障模式			
			1	2	3	4
O	成员1	M	L	H	M	M
	成员2	M	H	L	L	H
	成员3	L	M	H	VL	L
	成员4	L	M	L	L	VL
S	成员1	VH	H	H	H	H
	成员2	M	H	H	H	H
	成员3	H	M	M	VH	M
	成员4	H	VH	M	VH	M
D	成员1	L	L	L	M	L
	成员2	L	M	L	M	M
	成员3	VL	H	VL	H	M
	成员4	M	H	VL	H	H

表6.16 FMEA小组对故障模式的最终评估结果

故障模式	风险因子		
	O	S	D
1	(2.1, 4.1, 6.1)	(3.95, 4.95, 5.95)	(2.8, 3.8, 4.8)
2	(2.0, 4.0, 6.0)	(3.55, 4.55, 5.55)	(4.45, 5.45, 6.45)
3	(0.5, 2.0, 4.0)	(4.45, 5.45, 6.45)	(2.55, 3.55, 4.55)
4	(1.7, 3.3, 5.3)	(3.55, 4.55, 5.55)	(3.05, 4.05, 5.05)
w(权值)	(0.137 5, 0.387 5, 0.637 5)	(0.487 5, 0.737 5, 0.92 5)	(0.05, 0.237 5, 0.487 5)

表6.17 基于模糊推理的风险等级评估结果

故障模式	风险优先系数	风险排序
电位计反馈失败	6.44	2
转速减速器疲劳损伤	6.66	1
转速电机密封失效	5.98	4
螺旋桨桨面损坏	6.05	3

对表6.16的模糊语言集采用式(6.20)清晰化函数进行解模糊,根据解模糊的结果,建立以上4种故障模式对风险因子O、S与D的比较序列,如式(6.21)所示。

$$\frac{a + 4b + c}{6} \tag{6.20}$$

$$\begin{bmatrix} 4.10 & 4.95 & 3.80 \\ 4.00 & 4.55 & 5.45 \\ 2.08 & 5.45 & 3.55 \\ 3.37 & 4.55 & 4.04 \end{bmatrix} \tag{6.21}$$

以各风险因子的最低等级建立参考序列：

$$\begin{bmatrix} VL & M & AC \\ VL & M & AC \\ VL & M & AC \\ VL & M & AC \end{bmatrix} = \begin{bmatrix} 0.333 & 1.333 & 1.333 \\ 0.333 & 1.333 & 1.333 \\ 0.333 & 1.333 & 1.333 \\ 0.333 & 1.333 & 1.333 \end{bmatrix} \tag{6.22}$$

根据式(6.18)计算得到参考序列与比较序列的灰色关联度为

$$\gamma\left(x_0(k), x_i(k)\right) = \begin{bmatrix} 0.523 & 0.535 & 0.658 \\ 0.531 & 0.573 & 0.495 \\ 0.768 & 0.495 & 0.692 \\ 0.591 & 0.573 & 0.628 \end{bmatrix} \tag{6.23}$$

其中，选取分辨系数$\rho = 0.5$。

表6.18　基于灰色关联系数的风险等级评估结果

故障模式	灰色关联系数	风险排序
电位计反馈失败	0.554 4	2
转速减速器疲劳损伤	0.540 6	1
转速电机密封失效	0.643 6	4
螺旋桨桨面损坏	0.591 2	3

　　改进后的风险排序综合考虑了故障的发生率、故障的严重度、故障的可检测程度对故障模式的重要性程度，以及FMEA评价小组中不同专业背景的成员的风险偏好，克服了传统FMEA仅通过计算RPN确定风险排序的局限性。

第7章 考虑人因失效的DP可靠性评估

7.1 概述

世界经济的迅速发展与国际贸易的不断扩大促进了航运业的繁荣和进步,船舶在数量和吨位不断增加的同时,正朝着大型化、专用化、高速化方向发展,海上交通日趋繁忙。与此同时,各种海损、海难事故不断发生,其数量之多、损失之大已引起世界各国的广泛关注。1988年Piper Alpha(阿尔法)钻井平台的爆炸和1989年Exxon Valdez(埃克森·瓦尔迪兹)号巨型油轮搁浅事故的相继发生,引发了人们对海洋工程结构物的风险分析和风险管理的研究。其中,对海洋工程中人为因素和组织错误(human and organization error, HOE)的研究是一个重要的领域。

把人和组织因素作为系统可靠性的一个重要组成部分来考虑,可追溯到20世纪50年代。Williams(威廉姆斯)首先提出了在系统可靠性分析中必须包括人为因素的观点:人为因素必须在系统可靠性中予以考虑,否则预计的系统可靠性不能代表系统真实的可靠性水平。1973年,著名的《可靠性汇刊》(IEEE)出版了一本专门讨论人因可靠性的专集,被认为是人因可靠性研究历史上的一个重要的里程碑。

在海洋工程领域,对结构系统进行分析、定量的概率分析及失效的后果分析,可以决定该结构是否足够安全。如不安全,应采取什么措施来减小结构风险以保证系统具有足够的安全度。长期以来,由于研究工作过多地集中于结构的潜在失效概率上,而忽视了人为因素的可靠性及风险管理的研究。统计资料显示,海洋结构物在其生命周期的设计、建造和工作等阶段中发生的事故大多与人为错误和组织错误有关,超过80%的事故是由HOE引起的,其中大约80%的人为错误发生在结构系统的工作阶段,工作阶段中由HOE引发的事故占事故总数的64%左右。IMO高速船(high speed craft, HSC)规范特别强调,必须考虑可能的人为错误对结构系统或子系统不同失效模式的影响。因此,海洋结构物生命周期中的设计、建筑、工作等各个阶段必须考虑HOE对结构系统行为的影响,确保结构在正常或紧急状态下有足够的可靠性。

另外,以往灾害性事故造成的后果仅局限于事故发生现场附近的地区,现今,从某些潜在的危险事故的特性和规模来看,人为错误引发的严重后果可能会造成巨大的经济损失、人员伤亡、环境污染等,甚至对整个地球产生长远的影响(如油轮事故导致原油泄露,直接威胁生态环境)。由此可见,在海洋工程中对人因可靠性研究很有必要。

7.2 人因可靠性的特点、分析流程与方法

7.2.1 人因可靠性的特点

Swain(斯温)给出工程中人为错误的定义为:"任何超过一定接受标准——系统正常工作所规定的接受标准或允许范围的人的行为或动作。"许多大型的事故均表明人为错误对系统行为会产生很大的影响。组织错误在根本上也是由于组织中人的认知、管理等错误引发的。与硬件设备的可靠性相比,海洋工程人因可靠性研究具有如下特点:

(1)研究人因可靠性不可能像研究硬件可靠性那样,简单地通过建立失效数据库来确定失效概率。人可以从一系列潜在的输出信息中决定到底应该做什么,还可以根据人自身想要达到的目的以不同的方式来解释输入的信息。工作环境中诸多相互作用的因素也对人的行为产生影响,而且人的行为还依赖于人的技能、知识结构及决策能力。简单地讲,人不可能与简单的元件相类似,也不能采用相同的方法来处理。另外,对于人因可靠性建立数据库的工作由于涉及的因素较多,往往会遗漏许多与结构系统风险相关的人为因素。目前还没有可靠的海洋结构物的HOE数据库,所以,无法提供HOE对系统风险影响的具体量化指标。现有的数据库由于没有考虑人和结构系统的相互作用,所以有可能起到误导作用。

(2)人与硬件的失效不同。人为错误可分为两种类型:直接的失效和潜在的失效。直接的失效通常是对结构系统产生直接影响的人为错误;而潜在的失效本身可能对结构系统的行为影响不大,但一旦发生直接的人为错误,则可能与其联合发生作用,影响结构系统的可靠性。根据海难事故的分析报告,海洋工程中的事故通常是由操作人直接的错误及结构潜在的设计缺陷所引起的。

(3)人为错误产生的原因非常复杂,与工作人员的疲劳、不小心、训练不足、决策失误、工作压力等因素有关。人因可靠性分析(human reliability analysis, HRA)通常属于交叉学科,涉及可靠性、人因工程以及心理学等方面的内容。说HRA属于交叉学科是因为:首先,HRA需要正确评价人为错误的性质,这需要借助基本的心理学基础和不同的人为因素,如人机界面的设计和训练等研究;其次,HRA要求对系统工程学有一定的了解,以便为潜在的错误和错误后果开发人机交互界面。所以,在进行HRA时,需要完整地了解事故发生的原因,引发事故发生因素的相互作用以及事故产生的后果。

7.2.2 人因可靠性分析流程

尽管HRA经历了30多年的发展,但HRA技术真正成熟并应用于海洋工程却是在近10年。由于定量的风险评估方法中必定包含量化的HRA,因此,HRA主要是朝着如何正确评估执行任务过程中人为错误发生的概率的方向发展,但从HRA本身的特性来看,量化人为错误仅仅是HRA的一个部分。HRA的一般流程如图7.1所示。

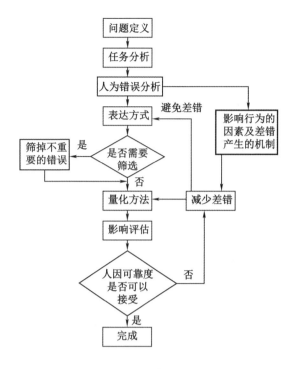

图7.1　HRA的一般流程

7.2.3　人因可靠性分析方法

不断增多的海上事故表明有必要建立因人为错误造成风险的正确评估方法,寻求减小系统对人为错误的敏感度的措施,这就是人因可靠性评估的主要目的。经过近年来的不断发展和完善,在吸收了核工程等领域HRA的特点基础上,先后提出了定性分析方法、定量分析方法和定性定量混合分析方法。目前正是逐步完善定性定量混合分析方法。

1.定性分析方法

海洋工程结构的人和组织错误评估通常以定性分析作为起点。经过近年来的不断发展,产生了多种定性分析方法,在评估中可根据不同的结构系统采用不同的方法。经常采用的定性分析方法包括:失效模式及其影响分析(FMEA)、故障树/事件树(FTA/ETA)、危险与可操作性分析方法(HAZOP)。

在海洋工程人因可靠性研究领域,FMEA不仅在定性分析方面应用较多,而且在定性定量混合分析中亦可作为人为错误识别(human error identify, HEI)的主要工具之一。采用FMEA分析结构全生命周期中的HOE时,借鉴了FMEA在硬件分析领域成功的经验。在分析硬件时,FMEA通常以失效模式中涉及的失效元件的个数来评价系统中元件的危险程度。假如某一失效模式仅涉及一个元件,则该元件可表示为"最危险",以此类推。通过这种方式,可识别出系统中比较危险的元件,然后对这些危险的元件采取必要的质量保证/质量控制(quality assurance/ quality control, QA/QC)措施,以保证系统的可靠性。在进行HRA时,也采用了这种方式来衡量HOE结构失效的影响,从而识别出关键的HOE。

FMEA方法简便适用,避免了烦琐的定量分析。但是它不能对QA/QC措施进行排序,不能确定失效发生的可能性到底有多大。另外,FMEA不能明确地考虑事件的相关性,也不能识别可能与失效的事件同时发生的低概率事件。海洋工程结构物在设计、建造过程中的质量问题表明,多种初始事件的联合作用是导致海洋结构物失效的主要原因。

对结构全生命周期的HOE进行全面的定量评估时,定性分析是十分必要的,因为它可以为定量分析确定分析的重点。

2.定量分析方法

对于可能发生低风险、严重后果事故或潜在的严重事故的海洋结构物,概率风险评估(probabilistic risk assessment,PRA)或风险量化评估(quantitative risk analysis,QRA)是常用的定量风险评估方法。其中,对HOE的量化分析是一个重要的方面。在对HOE进行定量分析的过程中,HOE的数据收集工作是必不可少的,所以,有必要先介绍一下数据收集的方法。

人为错误和组织错误数据的收集比较困难,原因是,在多数情况下,数据的收集只能依赖于事故捕捉调查报告,而以前许多事故的调查报告根本没有揭示人为因素在事故发生的各个阶段中所起的作用。而人为错误的数据又是人因可靠性量化分析的基础,数据收集不够,可能造成对基本时间规律的认识发生偏差,由于数据收集造成的人为错误对结构可靠性可能产生很大的影响。在核电厂、化学品厂等领域,人为错误数据的收集工作取得了很大的成功,如人为错误评估和减小技术(HEART)、人为错误率的预测技术(THERP)等。Eric(艾里克)建立了一个简单的核电厂的工作模型,选择了一批实验者进行实验,通过收集有可能导致系统失效的人为错误的次数获得人为错误概率(human error probability,HEP)。由于行业的不同,在海洋工程领域,离岸结构(主要是海洋钻井平台)的风险评估需要确定本行业自身的人为错误概率。Basra(巴士拉)和Kirwan(柯尔文)以救生船撤离平台这一事件为例,通过仿真实验,总结了离岸结构人为错误概率数据收集的三种方法。

(1)直接通过观测进行数据收集。

通过记录仿真实验中一段时间内的人为错误总数和执行任务的总数,达到获得HEP的目的。通过仿真实验可以得到部分数据,因为有些情况是仿真实验无法模拟的,比如实际撤离过程中人的压力。假定人在实验中的压力与实际过程中的压力相当,由此可能低估HEP。

(2)通过分析事故调查的记录。

(3)借助专家判断。

目前有两种比较成熟的专家判断技术:成对比较方法(paried comparison,PC)和绝对概率判断方法(absolute probability judgement,APJ)。采用专家判断的方法可以达到两种目的,一是产生一些无法通过仿真试验得到的HEP;二是利用专家判断修正已收集的数据,使其更具有代表性。

其他的方法还有将贝叶斯(Bayesian)方法和专家判断相结合,得到变量的后验分布等。各种基本时间发生的概率或条件概率确定后,就可采用各种定量的HRA分析方法来确定HOE对系统结构风险的影响。

（1）FTA分析方法

FTA是目前HRA中应用最普遍的定量分析方法。FTA是一个表示人为错误及其对系统目的的影响的标准方法。一个故障树是一个定义不情愿的事件（所谓的顶事件）发生时必须依次发生的事件（人为错误、硬件/软件故障、环境事件）。这些不情愿的事件或结果，通常置于"树"的顶部，因此称为"顶事件"。借助与门和或门，低层次的事件可逐步向上层次推进，直到最后达到顶事件。进行定量分析时，故障树利用事件发生的频率和概率来输出顶事件发生的频率。假如概率和相对较大（>0.1）时，就需要修正与门，因为与门下的事件是事件的交集，修正与门使联合概率小于这些事件概率的和。

故障树方法可用来表示系统失效路径的简单或复杂的状态，可包括与出现的场景有关的人为错误、硬件/软件失效和环境事件。故障树一旦构造后，就可以量化总体的顶事件频率，以及每个错误对不情愿的事件的相对贡献。

值得注意的是，FTA是表示系统及其功能的静态图，不能表示系统随时间变化的特征及变化的后果。所以，采用FTA处理连续系统及其失效的延伸时非常困难。FTA更易处理二元状态（失效、不失效），而不能考虑局部失效状态。采用FTA可以很好地识别潜在的失效模式、评估导致系统失效的联合事件。

（2）概率影响图分析方法

传统的风险评估方法在构造复杂系统时，一般难以客观地描述各事件间的复杂关系，因此，人们引入了影响图分析（IDA）方法。概率影响图分析方法适用于表示事件间的相互关系和信息流向，影响图中对于各事件状态的描述可以充分地表示出事件各种可能存在的形式，打破了故障树分析中对于事件的基本状态只能有正常或失效两种方式的假设。概率影响图是影响图的一种特殊形式，它将概率论和影响图理论结合，专门处理随机事件间的相互关系，对随机事件进行概率推理，并在推理过程中对事件发生的概率及其依赖其他事件的发生概率做出完整的概率评估。对于人因可靠性分析，由于系统中的人、组织、结构系统等复杂的影响关系，使得有必要采用基于概率影响图的方法进行分析。William等人建立了船舶偏离航道造成碰撞或搁浅事故过程中HOE的影响图，并计算出不同的HOE组合下船舶发生碰撞和搁浅的概率。Bea（比衣）对船舶设计、建造过程中可能发生的HOE建立了影响图，并对规范化设计、建造过程提出了改进措施。

作为一种概率模型，IDA在检测系统中的HOE和HOE管理措施时具有很大的灵活性。比起故障树和事件树，IDA的优势在于：IDA不需要对所有的节点进行排序。所以可以考虑决策人对影响图中的基本模块取得一致，但对影响图中某一变量的规律认识不同的情况，IDA均采用条件概率评估来决定具体目标事件的非条件概率。

需要强调的是，FTA和IDA都是十分有效的方法。出于不同的分析目的，发展出不同的分析细节，FTA和IDA将从不同的角度对系统的HOE进行评估。IDA看起来比较复杂，却是良好的定量分析工具，应视具体的分析目的采用不同的分析方法。从目前的定量分析工具来看，一般采用IDA作为一种总体的建模工具；而对某一细节的HOE分析，则采用FTA方法。

值得注意的是，对HOE进行详细的定量分析，目的并不是得到一组数据，而是提供一个框架,使人们详细了解事故发生的前因后果,找到减小HOE发生的QA/QC管理措施。

3.定性定量混合分析方法

近年来,随着分析的不断深入,人们逐渐认识到了定量的PRA的局限性。尽管PRA可以考虑与系统失效模式直接相关的操作人员的失误(失效),但PRA却不能考虑那些对系统不产生直接影响的操作人员的失误(失效),更不能追溯到产生失误的根源。事故报告指出,"人为错误"是系统发生灾害性失效的直接原因,但不能确认组织问题是其根本原因。造成这种情况的一个主要原因是目前的PRA只注重技术上的改进,而忽略了提高安全管理。某些时候结构的失效显然是由"坏运气"引起的,比如设计参数取百年一遇的波浪在第十年就碰到了。但对于类似海洋平台等结构,这种"坏运气"的成分只占失效总数的5%左右,其他都与一系列的个人和组织的决策和行为有关。

混合分析方法是定性和定量的混合分析过程,它将定性分析中的描述性变量以数值型变量表示。Moore(穆尔)和Bea结合模糊集的理论,提出了人为差错安全指数法(human error safety index method,HESIM)方法,对海洋结构物在操作过程中的HOE进行了量化评估。Pate-Cornell于20世纪90年代提出了系统行为管理(system action management,SAM)方法,并将其先后应用于航空、海洋结构物的风险评估中。SAM方法也属于定性定量混合分析方法的一种。

SAM方法将人的决策及行动作为系统行为和组织行为之间的一个中间变量。对于SAM方法而言,最困难的是量化管理因素和人的决策及行动之间的联系。SAM方法可模型化与具体系统相联系的风险。人和管理因素对系统风险的影响如图7.2所示。

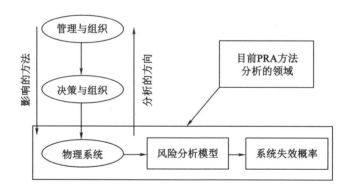

图7.2 人和管理因素对系统风险的影响

SAM方法的关键是建立一个反映各风险因素对系统影响的概率公式。$\{in_i\}$表示事故序列中可能发生的初始事件集(如火灾、爆炸、波浪载荷、地震碰撞或搁浅等);$\{fist_m\}$表示可能的极限状态,采用布尔矢量表示不同的元件是否失效;$\{loss_k\}$表示可能的损伤水平的分量。概率分布$p(loss_k)$表示年度损失的分布,因此,当采用$p(in_i)$表示初始事件年度发生的概率时,年度损失的风险分析模型可表示为

$$p(loss_k) = \sum_i \sum_m p(in_i) \times p(fist_m|in_i) \times p(loss_k|fist_m) \tag{7.1}$$

概率 $p\left(\text{fist}_m|\text{in}_i\right)$ 是事件/故障树的分析结果，表示初始事件的发生、发展及发生失效（或事故序列中的事件的发生）对元件的影响；概率 $p\left(\text{loss}_k|\text{fist}_m\right)$ 与系统中最终的人员和财产损失相关。

为了在分析模型中能够考虑相关的人的决策和行为 $\boldsymbol{A}_n$ 的影响，引入条件概率函数。向量 $\boldsymbol{A}_n$ 的分量表示不同水平的决策和行为的结果，则式(7.1)可进一步表示为

$$p\left(\text{loss}_k\right) = \sum_i \sum_m \sum_n p\left(\boldsymbol{A}_n\right) \times p\left(\text{in}_i|\boldsymbol{A}_n\right) \times p\left(\text{fist}_m|\text{in}_i, \boldsymbol{A}_n\right) \times p\left(\text{loss}_k|\text{fist}_m, \boldsymbol{A}_n\right) \qquad (7.2)$$

最后，不同的管理因素集 $\left\{O_h\right\}$ 对总体风险的影响可以通过它们对人的决策和行为的概率影响来评估，$\left\{O_h\right\}$ 对式(7.1)中各个元素的影响是通过影响相应的 $\boldsymbol{A}_n$ 的发生概率实现的，因此，给定 $\left\{O_h\right\}$ 状态下，不同的损伤水平发生的概率为

$$p\left(\text{loss}_k|O_h\right) = \sum_i \sum_m \sum_n p\left(\boldsymbol{A}_n|O_h\right) \times p\left(\text{in}_i|\boldsymbol{A}_n\right) \times p\left(\text{fist}_m|\text{in}_i, \boldsymbol{A}_n\right) \times p\left(\text{loss}_k|\text{fist}_m, \boldsymbol{A}_n\right) \qquad (7.3)$$

技术上的改进对底事件发生概率的影响、系统最终状态发生的概率等可以直接由式(7.1)计算得出。总体的影响是减小不同损失水平发生的年度概率。

从上述公式可以看出，条件概率的判断对于SAM方法的成功应用是十分关键的，目前主要依赖于专家意见进行处理。

4. 人因可靠性研究趋势

尽管目前海洋工程领域的HRA研究已取得了很大的进展，但欧美国家仍投入了大量的研究经费继续对此进行研究。美国船舶结构委员会(SSC)于1999年和2000年财政年度预算中共提供了数十万美元的经费资助。针对北海地区海洋平台事故，西欧各国多年来一直致力于风险评估和风险管理的研究。在国内，这方面的研究工作涉及不多，所以应结合国际上HRA研究的热点迎头赶上。

HRA中值得进一步研究的问题如下：

（1）建立大型灾害性事故数据库

海洋结构灾害性事故数据库对于HOE的研究是至关重要的，因为它可以为HOE研究提供参考，直接指导基于可靠性的结构设计，所以尽管工作量比较大，但必须实施。以美国为例，麻省理工学院在开展船舶搁浅的研究时，直接获取的统计数据（海况、气候、波浪载荷等）来自包括美国海岸警备队、美国海洋局和气象局等多家机构。

（2）HOE的识别技术

许多情况下发生的HOE是在结构设计过程中容易被忽略的，即使通过对事故的调查也可能遗漏一些关键的HOE。相比而言，组织错误比人为错误更难以识别，掌握更加完善的HEI技术十分重要。

（3）HOE分析方法的研究

从目前HOE研究的趋势看，定性定量混合分析法是发展方向，而神经网络和专家系统（基于知识的系统）与模糊集理论相结合的演化方法已被提出，并应用于许多系统的风险评估中，如何将其在HOE分析中应用值得进一步研究。

（4）碰撞和搁浅事故的HOE研究

目前，油轮的碰撞和搁浅事故，以及油轮与海洋平台的碰撞事故中运用HOE研究较多，但事故的不断发生使得有必要进一步发展更加完善的分析方法、找出更好的QA/QC措施，以减少这类事故的发生。

7.3 信息−决策−执行模型

7.3.1 穿梭油轮DP系统的人为因素

随着FPSO数量的增加，执行这些FPSO原油卸载的穿梭油轮数量也在不断增长。尽管有些FPSO可能通过与之相连的远程装载浮标，间接向穿梭油轮卸载石油，但目前大多数FPSO仍依靠直接卸载到穿梭油轮将石油转移到岸边。执行此直接卸载操作通常可通过FPSO与穿梭油轮串靠卸载作业。

串靠卸载作业意味着穿梭油轮位于FPSO后面的某一距离，例如80 m。这两艘船通过系泊缆和装载软管进行物理连接，通过该软管卸载货物。油轮可通过下列方式定位：其自身的DP系统，使缆索不被拉紧（DP模式）；或通过施加一定的倒车推力，保持缆索上的小张力（拉紧缆索模式）。拉紧缆索模式可能需要拖船或备用船舶协助。DP型油轮在恶劣环境下的正常运行时间更长，因此在挪威北海得到广泛应用。大多数情况下，FPSO会采用系泊系统进行定位，而穿梭油轮会采用DP进行定位。穿梭油轮上的船桥布置如图7.3所示。

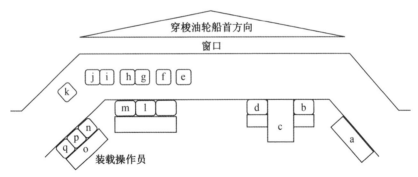

a—紧急按钮（发动机、螺旋桨）；b—雷达；c—导航界面；d—雷达；e—ARTEMIS（张紧索位置参考系统）屏幕；f—BLOM PMS（功率管理系统）监控；g—DAPRS（差分绝对和相对定位系统）Ⅰ屏幕；h—DAPRS Ⅱ 屏幕；i—装载线缆的录像屏幕；j—绞车的录像屏幕；k—油轮艏部与FSU尾部的录像屏幕；l—DP控制台（从）；m—DP控制台（主）；n—船首装载系统控制台；o—紧急关停按钮；p—装载/压载控制台Ⅰ；q—装载/压载控制台Ⅱ。

图7.3　穿梭油轮上的船桥布置

1.DP控制台

如图7.4所示，船上安装了两台DP计算机，这是DP-2的穿梭油轮。在操作时，选择一台计算机作为主计算机，并执行实际定位作业。选择另一台计算机作为从计算机，并进行备份工作。

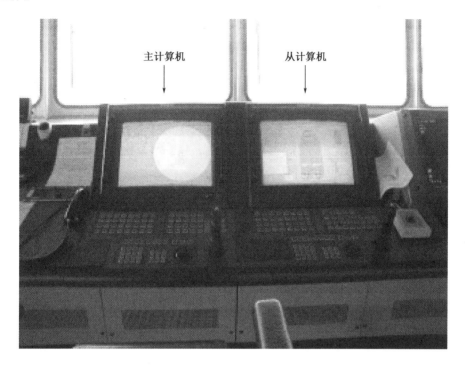

图 7.4　DP-2 的控制台

2.位置参考系统

位置参考系统屏幕悬挂在 DP 控制台的上方,它包含两个 DARPS 屏幕,1 个 BLOM PMS 屏幕和 1 个从左到右的 ARTEMIS 屏幕(图 7.5)。两个 DAPRS 屏幕和 ARTEMIS 屏幕构成 FPSO 与穿梭油轮串靠卸载作业中的三套位置参考系统。

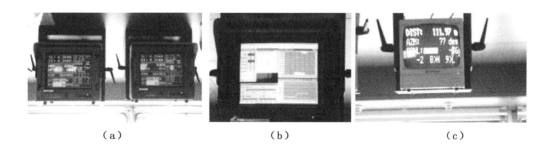

　　　　　（a）　　　　　　　　　　　（b）　　　　　　　　　　　（c）

图 7.5　DAPRS 屏幕、BLOM PMS 屏幕与 ARTEMIS 屏幕

这些位置参考系统的屏幕位置,相对于 DP 控制台和手动操舵机构的人机界面没有得到很好的布局。图 7.6(a)显示了 DAPRS 的屏幕位置,由此引起操作员的疲劳。在发生紧急驱离的情况下,如果在方向盘上手动操纵油轮,操作员将很难观察到位置数据。

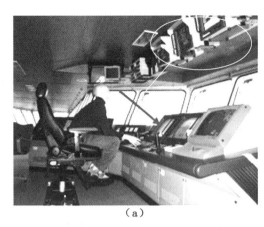

（a）   （b）

图7.6　DAPRS的屏幕位置（相对于操作员和手动操舵机构）

3.船首装载系统控制台

船首装载系统（bow loading system,BLS）控制台位于DP控制台旁边，如图7.7所示。ESD Ⅰ级与Ⅱ级的操作分别要按下第一个和第二个（从左起）按钮，第三个按钮是在船首装载区打开卸载。

图7.7　带有ESD按钮的BLS控制台

4.船首装载系统的录像屏幕

在油轮船首区域安装了3台摄像机。桥上显示的视觉信息包括：FSU（浮式储油装置）和ST（穿梭邮轮）之间的距离信息、缆索与绞车信息，以及装载软管连接信息。船首装载区域的录像屏幕如图7.8所示。

图7.8　船首装载区域的录像屏幕

7.3.2　人的恢复行为建模

如图7.9所示的三种恢复策略可指导油轮DP操作员执行恢复操作。通过将事件树模型与图7.10中的时间轴结合,对恢复操作和事件发展进行了相应的建模。这三种恢复策略以事件树模型中的例程(1)、(2)和(3)为例。事件树概述了在DP操作员的各种恢复操作下,事件如何发展(成为碰撞或未遂事件)。时间轴从起步开始,操作员动作定时分别表示为 T_1—T_5。

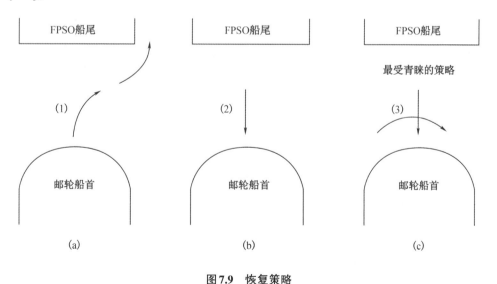

图7.9　恢复策略

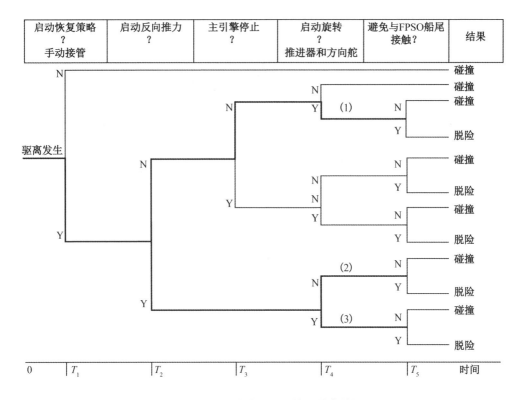

图 7.10 当驱离发生后所构建的事件树

第一种策略是最大化方向舵和推进器的作用,从而产生最大的转向力矩,使油轮远离 FPSO 船尾。注意,在这个策略中,没有采取任何措施来阻止油轮。第二种策略是尝试获得局部推进器控制,最大化向后的推力指令,以便油轮能够在距 FPSO 船尾的分离距离内停止。第三种策略可以看作是上述两种策略的结合,即尝试获得最大的后推力,并从方向舵和推进器开始获得最大的转向力矩。

对于哪种恢复策略是驱离发生后的最佳策略存在不同的看法。例如,在英国健康安全执行局(Health and Safety Executive, HSE)之前的研究中,1 号策略被看好,而 2 号策略被认为"最有可能失效"。然而,在这项研究中,我们发现 3 号策略受到大多数穿梭油轮 DP 操作员和安全专家的青睐。选择这种策略的主要原因是,它似乎是最安全的(至少最小化冲击能量),而且在高压力情况下执行是"自然的"。Haibo 通过问卷调查和访谈,进一步揭示了作业人员心目中的首要目标是拦阻油轮,而将油轮驶离 FPSO 船尾则是为了帮助实现这一目标。

油轮 DP 操作员启动恢复操作的定量估计需要的时间,即上图中"手动接管"行动对应的 T_1。T_1 的定量估计必须基于对油轮 DP 操作员在采取行动之前,所经历的信息处理阶段的良好定性理解。

在过去的二十年中,有许多关于紧急情况下操作员行为和时间的研究。例如时间可靠性相关(time reliability correlation, TRC)(Hannaman & Worledge, 1988);20 世纪 80 年代后期的人类认知可靠性(human cognitive reliability, HCR)(Dougherty & Fragola, 1988);20 世纪 90

年代中期的事故条件下,操作员认知模型和反应行为分析(Parry,1995;Hollnagel,1996;Smidts等,1997);核电站危急任务的人因可靠性(Pyy,2000;Jung等,2001)。

然而,穿梭油轮的背景不同于核电站(nuclear power plant,NPP),这是上述许多研究的主要根源,包括任务的性质、人机界面、安全文化等。此外,在串靠作业发生紧急驱离时,油轮的DP操作员不像NPP中的控制室操作员会被指导去采取相应的纠正措施与各种紧急操作程序(emergency operating procedure,EOP)。在串靠作业发生驱离紧急情况时,用于指导DP操作员的EOP是很少的。

Haibo提出了信息-决策-执行(Information-Decision-Execution)模型,用以模拟穿梭油轮发生驱离时,DP操作员通常经历从0到T_1的信息处理(information-processing)阶段。请注意,此人工行为模型是为以下定量估计当前场景中的响应时间T_1提供基础。如果将此人工行为模型用于其他目的,例如人为错误分析,则需要进一步工作。穿梭油轮发生驱离的情况下,在操作员启动恢复行动之前,操作员的一系列活动被定性描述成如下模型,这是基于收集的操作信息,也是广义模型的实际背景。

(1)信息——在DP监视期间,操作员可能检测到异常信号(监测)。例如,他可能会被一个远程报警器提醒;或者在监控卸载时,他观察到异常推力输出;或者他观察到船舶启动用以获得前进速度。在DP操作员检测到第一个异常信号后,他开始主动搜索信息(观察)以澄清情况(状态评估)——是否仅仅存在错误的信号,或是否实际发生了驱离。操作员交叉检查四个信息源,包括位置、速度、推力输出和警报,也注意其他来源,如发动机噪音和振动。

(2)决策——这一阶段涉及状态评估和任务制定之间的交互作用。在状态评估期间,DP操作员处理获得的信息。他可能会发现这只是一个错误的信号,然后选择另外的纠正任务。或者他可能会发现这是一个驱离,他将不得不再检查一遍船舶位置(距离FPSO)、速度和推力输出。这些信息有助于他确定情况有多危急,有多少时间窗口(time window),从而有利于他制定适当的任务。在规划任务时,他还将考虑环境条件和船舶推进器与舵的执行能力和响应时间。

(3)执行——最后一个阶段是任务执行。制定的任务被转换成序列的指令命令,然后DP操作员(通过观察)确认执行正在完成。请注意,这个阶段可能相当复杂,如果命令被迅速确认为预期的,则简短。然而,在某些情况下,当出现一些技术故障时,命令可能根本不会产生任何效果;或者在有压力的情况下,甚至可以对错误的对象执行命令。操作员可以重试并等待(搜索信息以确认命令正在执行)、重试,直到决定执行另一个任务或确定命令的正确对象为止。在这些情况下,执行阶段可能涉及更长的时间跨度。

DP操作员信息-决策-执行模型如图7.11所示(带有时间参考)。请注意,这三个阶段并不是以纯线性、顺序的方式发生的。因此,在驱离情况下,DP操作员动作开始时间T_1的估算基于以下三个特征时间间隔值的估算。

——信息阶段时间:0—T_a;

——决策时间:T_a—T_b;

——执行时间:T_d—T_1。

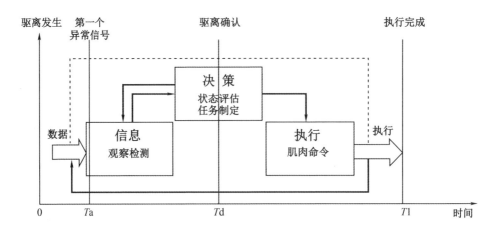

图7.11　DP操作员的信息-决策-执行模型

这里简要介绍了建立这一简单的三阶段操作员行为模型的理论背景。

第一，这个模型很大程度上改编自Wickens和Flach对航空操作中飞行员行为研究中使用的人类信息处理模型。关于人类信息处理模型的更多细节可以参考Wickens和Hollands的工程心理学著作。飞行员在特定的环境下执行操作与一个穿梭油轮DP操作员面临的驱离场景非常相似。例如，这两种情况都涉及接收外部信息、评估形势和在关键时间压力下采取行动。两者都有一些可供选择的行动方案，所有行动都是在一个狭窄的区域(飞机驾驶舱与油轮船桥)内进行的，并配有各种舵机。

第二，模型中信息与决策之间的层次结构和相互作用植根于Rasmussen(拉斯姆森)于1986年提出的阶梯模型。阶梯模型中各个阶段之间的相互作用反映在信息与决策模型中。以上模型中，从信息到执行没有直接的联系。这是因为"基于技能"的行为被认为是不可能的，也就是说，油轮DP操作员不会简单地通过"自动"对一个或多个信号做出反应，以此断开并启动倒车操作。

总而言之，有经验的油轮DP操作员可能需要60~90 s来启动恢复行动。这是从以下三个方面得出的结论：①来自事故和未遂事件的信息；②DP培训讲师基于在油轮海上装载训练方面的丰富经验，特别是在模拟器中进行驱离场景的培训；③对挪威北海穿梭油轮船长和DP官员做的问卷调查。

7.4　考虑人因的马尔可夫定量评估举例

Markov方法是人因可靠性研究中被广泛使用的方法之一。在人因可靠性研究中，Markov方法可以被用于分析任务连续时间的人因可靠性。

利用Markov方法计算人因可靠性首先应建立状态空间模型。假设分析对象属于最简单的情况，即只有两个状态，其状态空间模型如图7.12所示。

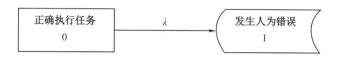

图7.12　状态空间模型

由图7.12,可得状态方程:

$$P_0(t + \Delta t) = P_0(t) - P_0(t)\lambda\Delta t \tag{7.4}$$

$$P_1(t + \Delta t) = P_1(t) + P_0(t)\lambda\Delta t \tag{7.5}$$

式中,$P_0(t + \Delta t)$表示在$(t + \Delta t)$时间内正确执行任务的概率;$P_0(t)$表示在时间t内正确执行任务的概率;$P_1(t + \Delta t)$表示在$(t + \Delta t)$时间内发生人为错误的概率;$P_1(t)$表示在时间t内发生人为错误的概率;λ表示平均错误率;$\lambda\Delta t$表示在Δt内发生人为错误的概率。

对式(7.4)和式(7.5)变形,并求极限可得

$$\lim_{\Delta t \to 0} \frac{P_0(t + \Delta t) - P_0(t)}{\Delta t} = \frac{\mathrm{d}P_0(t)}{\mathrm{d}t} = -\lambda P_0(t) \tag{7.6}$$

$$\lim_{\Delta t \to 0} \frac{P_1(t + \Delta t) - P_1(t)}{\Delta t} = \frac{\mathrm{d}P_1(t)}{\mathrm{d}t} = \lambda P_0(t) \tag{7.7}$$

当$t = 0$时,$P_0(0) = 1$,$P_1(0) = 0$。容易解得

$$P_0(t) = \mathrm{e}^{-\lambda t} \tag{7.8}$$

$$P_1(t) = 1 - \mathrm{e}^{-\lambda t} \tag{7.9}$$

于是可得人因可靠度为

$$R_\mathrm{h}(t) = P_0(t) = \mathrm{e}^{-\lambda t} \tag{7.10}$$

可靠时间为

$$T_R = \int_0^\infty R_\mathrm{h}(t)\mathrm{d}t = \frac{1}{\lambda} \tag{7.11}$$

从正常行为到错误行为状态转变的人为因素包括:培训、技能、知识、沟通、协作、错误、设备接口、环境、组织等。在HRA中,人为形成因子(performance shaping factors,PSF)通常被用于评估人因失效对整个系统功能的影响。对于海上结构物,包括固定式、浮动式和移动式平台、船舶和管道,将定性质量管理评价体系(qualitative management assessment system,QMAS)和定量系统风险分析体系(quantitative system risk analysis system,QSYRAS)相结合,产生人和组织的PSF,分析其生命周期内的风险和可靠性。

QMAS评估分为三个层次。第一层包括七个系统组件:操作员、组织、程序、设备、结构、环境和接口。第二层为评估上一层的组件时应该考虑的因素,以操作员为例,包括交流、选择、知识、训练、技能、局限性/缺陷、组织/合作等七大因素。第三层为评估上一层的因素时涉及的可被测量的属性,以交流为例,属性包括清晰度、准确度、频率、诚实、验证/反馈,及鼓励等六大属性。安全组件、因素及属性如图7.13所示。

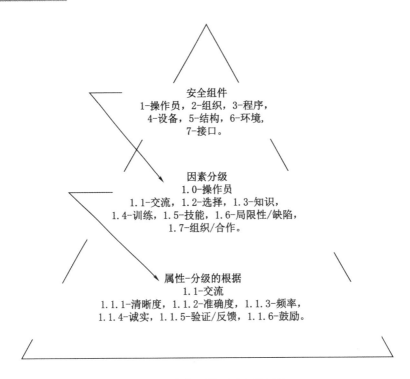

图7.13 安全组件、因素及属性

在QMAS定性分析中,对每个组件因素和属性进行等级评估,并根据相应的权重得出每个组件因素和属性的等级。对于给定组件因素的每一个属性给予7个等级的评分,如图7.14所示。

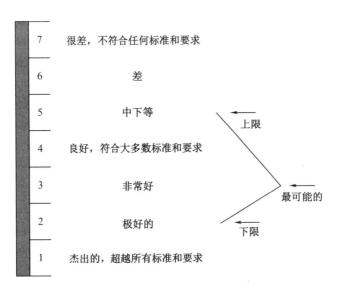

图7.14 组件因素、属性的等级

基于QMAS定性分析的等级结果,通过绝对概率判断(absolute probability judgement,

APJ)的方法估计人因失效的概率,如图7.15所示,再根据QMAS的协议,推导出QMAS分级与SYRAS PSF的对应关系,如图7.16所示。

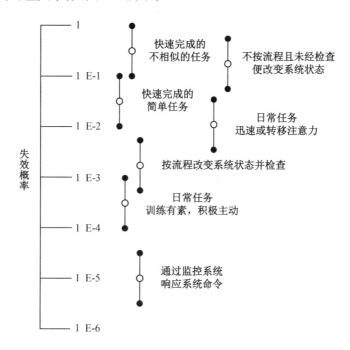

图7.15 归一化后的人因失效概率

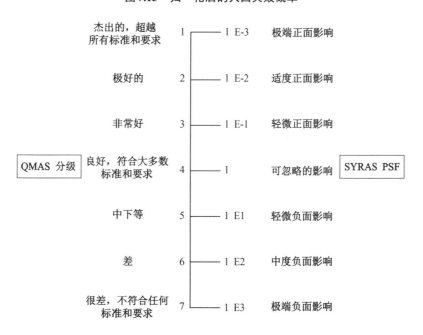

图7.16 QMAS分级与SYRAS PSF的对应关系

假设DP系统技术故障与人因故障相互独立,DP-3级系统任意模块的故障概率可表

示为

$$P(M_i) = P(F_{ti} \cup F_{hi}) \tag{7.12}$$

其中,技术故障概率为 $P(F_{si})$,人因故障概率为 $P(F_{hi})$。

图7.17为包含人因故障转移的马尔可夫过程。选择不同的人因失效率来预测DP-3级控制系统的可靠性,其中,显控台与控制计算机采用了与第5章相同的技术故障率组合。

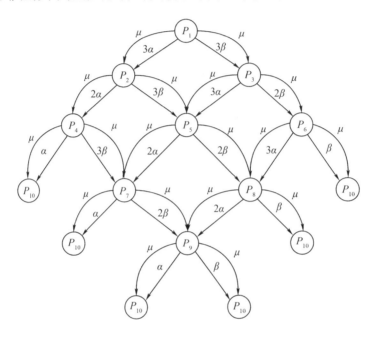

图7.17　包含人因故障转移的马尔可夫过程

DP控制系统的可靠性直接受到人为操作失误的影响。当人因失效率 $\mu = 10^{-1}$ 时,DP控制系统每100小时发生一次人为操作失误。随着人为操作失误概率的降低,系统的可靠性得到极大的提高。其中人为操作失误的概率降到QMAS最出色的水平(1E − 3)时,DP控制系统的失效概率为14.56%,是人为因素和技术失效共同作用的结果,如表7.1—表7.2所示。

表7.1　未考虑人因失效的DP系统的可靠性

硬件失效率	$R(t)/F(t)$	t /h			
		1	100	1 000	8 760
$\alpha = 10^{-2}$ $\beta = 10^{-3}$	$R(t)$	1.000 0	0.751 2	0.000 1	< 10^{-7}
	$F(t)$	< 10^{-7}	0.248 8	0.999 9	1.000 0
$\alpha = 10^{-3}$ $\beta = 10^{-4}$	$R(t)$	1.000 0	0.999 2	0.747 2	0.000 4
	$F(t)$	< 10^{-7}	0.000 8	0.252 8	0.999 6
$\alpha = 10^{-4}$ $\beta = 10^{-5}$	$R(t)$	1.000 0	1.000 0	0.999 1	0.800 8
	$F(t)$	< 10^{-7}	< 10^{-7}	0.000 9	0.199 2

表7.1（续）

硬件失效率	$R(t)/F(t)$	t /h			
		1	100	1 000	8 760
$\alpha = 10^{-5}$ $\beta = 10^{-6}$	$R(t)$	1.000 0	1.000 0	1.000 0	0.999 4
	$F(t)$	$< 10^{-7}$	$< 10^{-7}$	$< 10^{-7}$	0.000 6

表7.2 考虑人因失效的DP系统的可靠性

人因失效率	$R(t)/F(t)$	t /h			
		1	100	1 000	8 760
$\mu = 10^{-1}$	$R(t)$	0.999 6	$< 10^{-5}$	$< 10^{-7}$	$< 10^{-7}$
	$F(t)$	0.000 4	0.999 9	1.000 0	1.000 0
$\mu = 10^{-2}$	$R(t)$	1.000 0	0.806 3	$< 10^{-5}$	$< 10^{-5}$
	$F(t)$	$< 10^{-7}$	0.193 7	0.999 9	0.999 9
$\mu = 10^{-3}$	$R(t)$	1.000 0	0.999 6	0.806 3	$< 10^{-4}$
	$F(t)$	$< 10^{-7}$	0.000 4	0.193 7	0.999 9
$\mu = 10^{-4}$	$R(t)$	1.000 0	1.000 0	0.999 6	0.854 4
	$F(t)$	$< 10^{-7}$	$< 10^{-7}$	0.000 4	0.145 6

第8章 DP控制软件可靠性分析

8.1 概述

在近几十年中,计算机软件从代码体积和复杂度两个方面呈现出指数性增长。软件指数性增长趋势更扩大了低可靠性软件所产生的破坏范围,因此软件自身的可靠性成为不可忽视的关键问题。有些系统失效是由软件引起的。这种失效不同于其他类型的系统失效,软件失效都是在不经意中"设计"到系统里的。实际上,软件不存在不能发现的重复性错误,不存在潜在的制造缺陷,也不会磨损。

以上情况使得一些人认为软件失效不能通过统计的方法进行建模,因为他们认为,给出一个特定的输入序列,计算机总会出错。对于这种输入序列,计算机的可靠性为零;而对于其他的输入序列,可靠性为1。因而,系统完全是确定性的,而不是随机的。软件失效案例分析以上观点是正确的,但是忽略了计算机的实际运行情况。实际上,输入序列的数目是巨大的,并且是符合统计原理的。对于具有特定输入的特定系统,应用概率这个概念是非常合适的。输入序列可能是、也可能不是导致一个特定的软件故障的"应力事件"。当考虑许多大量输入序列的系统的时候,我们发现有些系统会发生故障;当考虑输入序列发生频度的时候,我们将使用失效率的概念。

8.2 控制软件失效分析

8.2.1 控制软件失效案例分析

工作场景1:工程师将新的控制逻辑装入PLC(可编程逻辑控制器),系统安装了模拟量输入模件。输入该模件的正常信号是由滑线电阻产生的1~4 V的信号。滑线电阻是用来测量机械运动的。启动时运行正常,所有其他的测试也都全部通过。几个月以后,该机械不能正常停止,滑线电阻的接触电刷超出了它的正常范围,达到0 V,PLC停止工作。PLC软件发生故障,失效信息为"除以0"。工作失效场景1如表8.1所示。

表8.1 工作失效场景1

标题	软件失效:除以0
根本原因	电刷超出正常范围
故障类型	功能性的
主要触发因素	计算机软件接受了非法输入

表8.1（续）

标题	软件失效:除以0
次要触发因素	机械不能正常停止;软件应力测试不足

　　工作场景2:一个工厂中的工业控制计算机控制台已经无故障运行两年了。一个新来的操作员加入了值班队伍,在第一次值班的时候,他刚刚按下一个报警确认键,CRT屏幕上的画面便停止了更新,并且系统对操作指令不再响应,如表8.2所示。关闭系统电源且重新启动之后,一切正常,没有发现任何硬件失效。考虑到制造商在现场已经安装了500多套装置,具有12 000 000小时的正常工作时间,很难相信在一个如此成熟的系统中存在一个严重的软件失效。

　　经过长时间的测试后,测试工程师认为故障可能不会再次出现。他向操作员了解情况时,发现操作员操作键盘的速度很快,由此,他找到了问题的根源。如果操作员在按下报警消声键32毫秒内按下确认键,一个例行程序会覆盖某一内存区,从而引起计算机崩溃。

表8.2　工作失效场景2

标题	软件失效:输入过快
根本原因	确认键在消声键按下32毫秒内被按下
故障类型	功能性的
主要触发因素	非法的输入时间间隔
次要触发因素	软件应力测试不足

　　工作场景3:当操作员要求将一个数据文件显示在CRT屏幕上的时候,计算机发生故障。以前,这个数据文件已经很多次成功地显示在CRT屏幕上。问题出在一个软件模块上,根据文件名长度的不同,这个模块有时会将结束字符"空零"添加在文件名字符串的最后,有时不会添加。虽然例行程序在将文件存入存储器之前不会在文件名上添加零,但是在一般情况下,文件名会被存在所有位置都已经清零的存储空间中。在这种情况下,操作总是会成功的,软件失效会被隐藏。然而,动态存储空间分配算法会偶然地读取到未擦除的数据。仅当软件模块没有添加零,且内存恰好分配在一个未清零的存储空间的时候,才会发生这种系统失效,如表8.3所示。

表8.3　工作失效场景3

标题	软件失效:文件名长度故障
根本原因	软件对特定的输入字符串未使用空结束符
故障类型	功能性的
主要触发因素	字符串长度
次要触发因素	动态存储空间分配至未清零的存储空间

工作场景4：在通信网络中接收到一个报文之后，计算机停止了运行，如表8.4所示。该报文使用了正确的"帧"格式，但是它来自一个具有不同数据格式的不兼容的操作系统。计算机并没有检查数据格式是否兼容。该帧中的数据位译码错误，最终导致系统崩溃。

表8.4　工作失效场景4

标题	软件失效：通信报文
根本原因	同一个网络上安装了不兼容的计算机
故障类型	功能性的
主要触发因素	输入不兼容的数据
次要触发因素	测试不足；输入数据检查不充分

除了输入之外还有许多因素导致软件失效。在上述例子中，输入数据时间间隔会导致软件失效，输入数据长度会导致软件失效，改变运行状态（动态存储空间分配）也会导致软件失效。在形形色色的故障原因中，每一种都可以用统计的方法进行分析。利用统计方法对软件的可靠性和安全性分析有着坚实的基础。

软件的实际应用中，与上述相似的案例还在不断发生。例如，2009年我国南部的一列动车相撞，事后经过调查，专门的管理部门给出事故原因：信号灯由于雷击而损坏，在本应该显示为红色的区域错误地显示为绿色。从软件的角度看待这个事故的原因，显然软件未能正确判断信号灯的数据是否有效、真实。并且，人们周围真实的情况是软件失效一直在频繁发生，如服务启动失败、自动飞行控制系统故障、银行结算系统异常等。这些软件失效的现象各不相同，许多研究人员认为软件失效即软件崩溃。事实上，上述案例中有很多情况是软件并没有崩溃，仍继续运行并提供服务。引起的软件失效现象，表现为没有判断数据度量单位是否正常，或没有判断数据值的大小是否符合要求。软件失效的现象形式多样，在此难以一一列举。

究竟什么是软件失效？实际的情况是：基于不同的需求，软件表现出不同的可靠性；即使是具有相同需求的软件，在不同时间、不同条件下仍然表现出不同的可靠性。为了简单地描述什么是软件失效，将其概括为软件执行结果与用户期望或需求不符。软件可靠性常用概率度量，概率可以是时间的函数、数量的函数，也可以是系统输入和系统使用的函数。

从用户的角度对软件失效进行更直观的解释，如图8.1所示。软件是一个函数，表示从输入空间到输出空间的映射。软件失效指软件对于特定的输入没有产生用户期望的特定输出；而软件可靠性就是针对于特定的输入，能得到正确输出的能力。

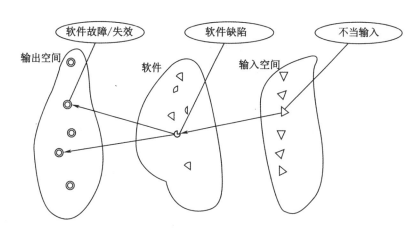

图8.1 从用户角度解释软件失效

8.2.2 软件失效的应力−强度观点

与硬件相同,所有的软件失效都发生在应力超过相关的强度之时。当软件的应力高于强度的时候,就会导致软件失效。软件的失效率与软件中缺陷(人为设计缺陷或者程序缺陷)的个数呈一定关系。缺陷数量与强度有关,缺陷较少的程序比缺陷较多的程序强度更大。软件强度也与软件内设计的应力消除措施有关。比如,检查输入合法性拒绝非法输入的软件出现故障的频率就要小得多。同时,软件失效率与软件的使用方式有关。从CPU角度来看,对于一个软件系统,应力与输入、时序和存储的数据相关。输入和输入的时序可能是由其他计算机系统、操作员、内部硬件、外部硬件或者这几个因素共同决定的。

由应力−强度这一概念可以看出,软件可靠性的提高是通过软件强度的提高来实现的。今天,大部分提高软件可靠性的措施都集中在消除软件的缺陷上。例如,软件开发过程的改进。软件是由人开发出来的,设计过程并不是完美无缺的,缺陷是难免的。人们做了很多努力审查软件开发过程的有效性。软件工程协会有5级软件成熟度模型,其中规定5级是最好的软件开发等级,如表8.5所示。

表8.5 5级软件成熟度模型

模型等级	名称
5	优化
4	管理
3	定义
2	可重复
1	原始的"混沌"

软件系统中的缺陷数量还与系统的易测性有关。根据执行情况的不同,软件的测试工作可能是有效的,也可能是无效的。当软件在计算机中总是以相同的方式执行时,测试可以检验程序执行的正确性。如果每次软件加载时都是以不同的方式执行,测试程序就不可

能全面完成,测试案例的数量也会迅速增加到"虚无穷大"。特别是在一个多任务调度的环境下,执行方式变化率随着动态储存空间分配、CPU中断的次数、多任务调度环境下的任务数等因素而有所改变。当执行方式变化率降低促使测试能更加有效的时候,软件强度将得到提高。

此外,可以通过软件诊断技术和应力消除技术来提高软件的强度。软件诊断过程与硬件参比诊断相似。我们预期某些条件会出现,软件通过检查确认这些条件是否真的出现。比如程序流控制技术,每个程序模块必须按照一定的次序进行,在执行的过程中,它们将向存储器中写入一个指示符。程序的每个模块都可以检查先于它执行的程序模块是否完成工作。在程序序列结束的时候,可以进行检查以保证所有需要执行的程序模块都已经运行。当执行实时操作的时候,指示符可以包含时间邮戳。通过检查时间邮戳,就可以确认程序的执行时间是否超出了最大执行时间。

应力消除是在那些潜在的可能导致软件失效的应力(特别是那些在软件质量保证测试中没有测试到的)造成损失之前将它们滤除。在高安全要求的系统中所需要的真实性判断就是其中一例。软件必须检查它的输入数据和已经存储的数据。在执行指令之前,要首先检查通信报文的格式和内容是否正确;要确认各项数据是否都在规定的范围之内;对于特定的数组,必须确保数据在合法的范围之内。

8.3 软件的复杂性

随着生产过程自动化和最优化技术的不断发展,用于各种过程控制和保护的系统正变得越来越复杂,功能强大的、新的软件工具促进了这方面的发展。但是,这意味着基于软件的系统将具有越来越高的复杂性。我们依赖于这些软件,并且依赖性与日俱增。当我们对软件的依赖性增强时,对软件可靠性的期望将更高。遗憾的是,软件失效率正在逐步上升。

为什么软件的失效率在上升,而软件的强度似乎在下降?许多人认为这与软件系统复杂性有关。为了认识日益增长的复杂性,我们需要从微处理器的角度来观察。微处理器总是以相同的方式开始工作。它寻找存储器中的特定区域,期望找到一条指令,如果指令有效,微处理器从这一点开始执行一长串的指令,读取输入并产生输出。我们可以从3种方式来看待这一复杂性——状态空间、路径空间和输入空间。

8.3.1 状态空间

所有状态的集合被称为状态空间。第一台数字计算机曾经被认为是状态机,即根据输入条件和存储内容,由一个状态转移到另一个状态的数字电路。状态是由一些存储在触发器电路中的二进制来表示的。其中一组触发器电路称为"程序计数器",另一组触发器电路称为"寄存器"。

程序计数器的输出选定存储器中的一个特定的地址。根据输入开关和存储器中的逻辑信号,逻辑电路置位或者消除触发器中的数据位。位的设置能保存计算结果,并且决定下一个状态。根据内存中的内容或者输入数据,数字状态机由一个状态转移到另一个状态。我们把计算机中所有触发器数据位的一种排列定义为一个状态。

如果计算机按照软件工程师的意图从一个状态转移到另一个状态,那么这个系统就是一个成功的系统。但是如果有些数据位出现错误或者输入开关给出了非法的输入,那么系统可能不会按照预定步骤执行,或者不会实现所要求的功能,这时就发生了失效。

在第一代计算机之后研发出的许多代计算机中,复杂性是在不断增加的。一个具有3个8位寄存器、1个16位寄存器、1个6位状态寄存器的计算机,有46个数据位。可能的状态数(2^{46})超过了70万亿。目前的计算机有更多的状态,其中状态数已经"虚无穷大"。如果大多数的数据位按照相同的方式置位,状态的个数就会急剧减少。

8.3.2　路径空间

在执行程序的过程中,计算机所经历的状态序列称为路径,所有可能的路径的集合称为路径空间。一个特定的路径是由存储器中的内容和在程序执行过程中所接收到的输入决定的。比如,那些安装在仪器上的简单微处理器仅重复执行为数不多的路径。

如图8.2所示的简单程序,该程序测量两个开关输入的时间间隔,并计算汽车的速度。这个简单程序会有多少个路径呢? 有以下很多种可能性:

1234567

121234567

12121234567

1212121234567

123454567

12345454567

1234545454567

121212345454567

······

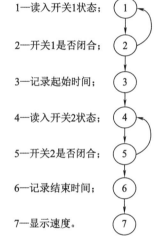

1—读入开关1状态;

2—开关1是否闭合;

3—记录起始时间;

4—读入开关2状态;

5—开关2是否闭合;

6—记录结束时间;

7—显示速度。

图8.2　简单程序的状态图

如果状态图中的每个圈都只重复一次的话,程序有三个路径:1234567,121234567和123454567。控制流路径结构与普通程序结构之间的联系如图8.3所示。

由于很多原因,包括程序测试技术的发展,在计算机程序里要识别路径并进行计数。理论上每个路径都应该经过测试,如果这样做的话,应该能发现所有的软件失效。"测试覆盖率"是被测试路径数与全部路径数的百分比。在小规模程序和独立的程序模块中,测试所有路径是可行的。但是当程序的规模增大的时候,路径的数量将以超线性的方式增长。在大规模程序中,仅测试控制流路径将花费几十年的时间。

一种计算控制流路径个数的方法称为McCabe复杂性矩阵。对于任何一个可以用状态图表示的程序,由图论可以得到,路径的数量为

$$\text{NP} = e - n + 2 \tag{8.1}$$

其中, e 表示边的数量(在状态图中以箭头表示), n 表示节点的数量(在状态图中用圆形表示)。

那么在图8.2中究竟有多少个控制流路径?

解答:图8.2中的箭头数量为8(即边的数量),节点的数量为7,所以根据式(8.1),控制流路径的数量为3。

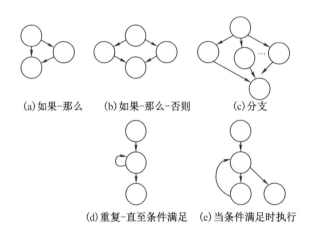

(a)如果-那么　　(b)如果-那么-否则　　(c)分支

(d)重复-直至条件满足　　(e)当条件满足时执行

图8.3　控制流路径结构与普通程序结构之间的联系

1.数据驱动的路径

如图8.4所示为烤面包机的程序状态图。程序扫描杠杆开关,直到使用者按下开关,开始烤制面包。加热器通电,加热时间从烤面包机侧面的光电开关输入,时间应该是1—5之间的整数。数值1代表短的10 s的加热时间,为轻微烤制。较高的值代表更长的加热时间。程序自动减少数值直到剩余时间等于0,然后加热器自动关闭,面包片被弹出。这个程序流控制路径的个数等于3,分别为12345678,1212345678,1234565678。经过3次测试后,所有的控制流路径都可以被测试。

然而,控制流路径测试不考虑由输入数据所导致的路径变化。只要循环重复的次数是由输入数据控制的,那么每一次循环都应该被视为不同的路径。图8.4中,对于在步骤4中得到的每一个可能的时间值输入,程序将有2条路径。对于输入数据1,由于循环中从步骤6到步骤5没有执行,所以路径是12345678和1212345678。表8.6列出了从1到5的有效数据范围内的所有数据驱动程序路径。

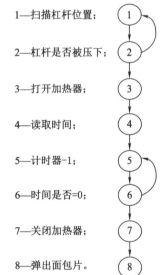

1—扫描杠杆位置;

2—杠杆是否被压下;

3—打开加热器;

4—读取时间;

5—计时器-1;

6—时间是否=0;

7—关闭加热器;

8—弹出面包片。

图8.4　烤面包机的程序状态图

表8.6 数据驱动程序路径

时间值	路径1	路径2
1	12345678	1212345678
2	1234565678	121234565678
3	123456565678	12123456565678
4	12345656565678	1212345656565678
5	1234565656565678	121234565656565678

即使测试了以上10条路径可能仍然发现不了软件设计上的所有缺陷,因为这些遗漏的错误只有在用非法的输入进行软件测试的时候才会被发现。当烤面包机程序接收到输入为0的时候会发生什么呢?

为此,增加一个输入数据合法性校验很有必要。在第5步时间被输入以后,程序会检查该数据是否在合理的范围之内。如果这个数字小于1或者大于5,加热器将停止,面包片会弹出。以这种方式设计的程序中,程序将不会接受非法的输入。改进后的烤面包机的程序状态图如图8.5所示。

同原来的程序一样,对于每个合法的输入存在2条路径,总共10条,即对于所有在高低限之内的输入,仅存在2条路径。对于超出高低限的输入,也存在2条路径。路径空间减少了,仅仅需要测试14(10+4)条路径。

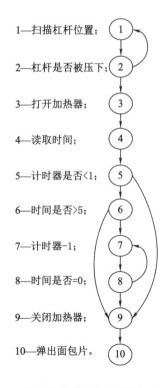

1—扫描杠杆位置;
2—杠杆是否被压下;
3—打开加热器;
4—读取时间;
5—计时器是否<1;
6—时间是否>5;
7—计时器-1;
8—时间是否=0;
9—关闭加热器;
10—弹出面包片。

图8.5 改进后的烤面包机的程序状态图

2.异步功能

当计算机设计成异步工作方式,并且实现多个功能的时候,路径数量将会上升几个数量级。大多数计算机通过大家所熟知的"中断"技术来实现异步功能,特别是下位机程序。一条电子信号线连接计算机,计算机以这样一种方式来工作:当这个信号出现时,计算机停止正在执行的程序,保存能使计算机回到原来路径相同位置上所需要的全部信息,然后开始执行新的程序。实际上每次中断发生的时候,将产生一条新的路径。

8.3.3 输入空间

输入状态或者输入状态序列将会使程序执行一个特定的路径。程序可以从外部设备和其自身的存储器中接受"输入"。输入空间是所有可能的输入序列的集合。

程序通常会实现很多功能。例如,文字处理程序并不仅仅是将文本显示在显示器上。程序实现的功能不同,其接受的输入也不尽相同。观察程序运行的输入空间就可以按照所执行的功能估计程序的使用情况。这种方法可以很好地解释为什么一些计算机装置与其他计算机装置有完全不同的软件失效率。其原因是它们实现的功能不同,使用的情况及路径不同。在某些区域中,软件失效率高并不代表每个区域的软件失效率都会很高,因为这些区域中的输入控制很可能是不同的。这种考虑在量化软件失效率的时候是非常重要的。

8.4 软件可靠性定义与度量指标

从用户的角度理解,软件可靠性指软件在使用时能够正常运行并提供服务的可能性。

更加规范的可靠性定义为:在规定的时间、条件下,完成规定功能的能力。1983年IEEE指出"软件可靠性"的定义包括以下两个方面:

(1)在规定的条件下,在规定的时间内,软件不失效的概率;

(2)在规定的条件下,在规定的时间内,软件执行规定功能的能力。

规定的条件即软件运行时的外部输入条件,包括:①软件运行的软、硬件环境,如操作系统、应用程序、编译系统、数据库系统、CPU、Cache(高速缓冲存储器)、主存、I/O(输入/输出)等。②软件操作剖面。按照欧洲太空局标准定义为:"软件操作剖面是对系统使用条件的定义,即系统的输入值按时间的分布或者按输入范围内出现概率的分布。"

规定的时间指软件的实际运行时间。规定的时间分为执行时间(execution time)、日历时间(calendar time)和时钟时间(clock time)。执行时间是指执行程序所用的实际时间/中央处理器时间,或者是程序处于执行过程中的一段时间。日历时间是指编年时间,包括计算机可能未运行的时间。时钟时间是指从程序执行开始到程序执行完毕所经过的钟表时间,该时间包括了其他程序运行的时间。大多数的软件可靠性模型是针对执行时间建立的,因为真正记录软件失效的是CPU时间。

软件可靠度指软件在规定条件下、规定的时间内完成预定功能的概率,或者在规定时间无失效发生的概率。定义软件可靠性常用概率来度量,这个概率常用关于时间的函数和关于数量的函数表示。软件可靠性主要与软件故障数、故障时间等随机变量相关。软件可靠性的度量需要对这些随机变量具体地刻画,如概率密度函数、可靠度函数、累积分布密度函数和故障率等。

基于失效数量的定义:设规定的时间为 t,对软件进行 N 次测试,分别从时刻0开始计时工作, $n(t)$ 代表 N 次测试中在 t 时刻以内软件失效的发生数,当 N 足够大时,可靠度 $R(t)$ 的近似表达式可表示为

$$R(t) = \frac{N - n(t)}{N} \tag{8.2}$$

基于失效时间的定义:设规定的时间为 t,软件发生失效的时间为 T,则可靠度 $R(t) = P(T > t)$。或者说,软件可靠度 $R(t)$ 是在给定条件下,在时间 $[0, t]$ 内不失效的概率,若 T 为软件无故障运行的时间间隔,则

$$R(t) = P(T > t) \quad t \geq 0$$

上述两种软件可靠度的定义中,均基于软件测试的观测数据。由于软件测试本身不可能覆盖软件使用的所有路径,也不可能经过无限时间的测试完成,因而在实际的可靠性估计工作中受到限制。为了更准确地得到软件可靠度,根据实际的可靠性保证的需要,软件可靠性的度量常使用更多的度量指标,并根据更多的影响因素利用统计方法进行。

8.4.1　软件可靠性的常用度量指标

1.累计软件失效概率

累积软件失效概率简称累积失效概率,通常表示为分布函数 $F(t)$,表示软件在规定时间内、规定条件下失效的概率。因此,累积失效概率也称软件的失效分布函数,可表示为

$$F(t) = 1 - \frac{N - n(t)}{N} = \frac{n(t)}{N} \tag{8.3}$$

2.失效概率密度

失效概率密度 $f(t)$ 表示软件在时刻 t 的失效概率,即失效分布函数的密度函数。数学表达式为

$$f(t) = \frac{\mathrm{d}F(t)}{\mathrm{d}t} = -\frac{\mathrm{d}R(t)}{\mathrm{d}t} \tag{8.4}$$

或写为

$$f(t) = \lim_{\Delta t \to 0} \frac{F(t + \Delta t) - F(t)}{\Delta t} = \lim_{\Delta t \to 0} \frac{P(t < T < t + \Delta t)}{\Delta t} \tag{8.5}$$

若失效概率密度函数 $f(t)$ 已知,可以据此计算出失效概率或者可靠度。例如

$$F(t) = \int_0^t f(x)\mathrm{d}x, R(t) = \int_t^{\infty} f(x)\mathrm{d}x = 1 - \int_0^t f(x)\mathrm{d}x$$

同样地,若失效概率密度函数 $f(t)$ 已知,可以据此计算出在时间 $[t1, t2]$ 内,软件发生故障的概率为

$$\int_{t_1}^{t_2} f(t)\mathrm{d}t = \int_{t_1}^{\infty} f(t)\mathrm{d}t - \int_{t_2}^{\infty} f(t)\mathrm{d}t = F(t_2) - F(t_1) \tag{8.6}$$

3.软件失效率

软件失效率表示的是单位时间内软件失效的条件概率,即:在已知$[0,t_1]$时间间隔内不发生失效的条件下,在后面的$[t_1,\ t_1 + \Delta t]$时间间隔内,单位时间内软件失效的条件概率。

根据定义,软件失效率可用一个失效率函数表示,即

$$\lambda'(t) = \frac{P(t < T \leqslant t + \Delta t | T > t)}{\Delta t} = \frac{F(t + \Delta t) - F(t)}{\Delta t \cdot R(t)} \tag{8.7}$$

软件失效率取极限后称为软件故障率,即软件瞬时故障率。根据定义,瞬时故障率可通过软件失效率对时间间隔取极限($\Delta t \rightarrow 0$)后得到,数学表达式为

$$\lambda(t) = \lim_{\Delta t \rightarrow 0} \lambda'(t) = \frac{f(t)}{R(t)} = -\frac{(1 - F(t))'}{1 - F(t)} \tag{8.8}$$

由于仅能观测到即时时刻的测试数据,在软件可靠性度量中,经常使用的是瞬时故障率。

软件失效率(瞬时失效率)的数学表达式可由下面的推导过程得到

$$
\begin{aligned}
\lambda(t) &= \lim_{\Delta t \rightarrow 0} (t, \Delta t) = \lim_{\Delta t \rightarrow 0} \frac{1}{\Delta t} P(t < T \leqslant t + \Delta t | T > t) \\
&= \lim_{\Delta t \rightarrow 0} \frac{P(t < T \leqslant t + \Delta t, T > t)}{\Delta t \cdot P(T > t)} \\
&= \lim_{\Delta t \rightarrow 0} \frac{F(t + \Delta t) - F(t)}{\Delta t \cdot R(t)} \\
&= \lim_{\Delta t \rightarrow 0} \frac{F'(t)}{R(t)} \\
&= \frac{f(t)}{R(t)}
\end{aligned} \tag{8.9}
$$

软件失效率的数学表达式也可写成

$$\lambda(t) = \frac{(1 - R(t))'}{R(t)} = -\frac{R'(t)}{R(t)} \tag{8.10}$$

因此,若软件失效率$\lambda(t)$已知,可靠性函数可以写成

$$R(t) = \mathrm{e}^{-\int_0^t \lambda(t)\mathrm{d}t} \tag{8.11}$$

如果假设软件失效率$\lambda(t)$为常数,则可靠性进一步写成

$$R(t) = \mathrm{e}^{-\lambda t} \tag{8.12}$$

4.失效强度

失效强度$\xi(t)$基于随机过程定义:设时刻t发生的失效数$N(t)$为随机数,并随t变化,则$\{N(t),\ t > 0\}$为随机过程。"失效强度"是"失效数均值的变化率",数学表达式为

$$\xi(t) = \frac{\mathrm{d}(E[N(t)])}{\mathrm{d}t} \tag{8.13}$$

软件在平稳运行的情况下，失效强度为常数值，此时 $\xi = \lambda = $ 常数，随机过程 $\{N(t), t > 0\}$ 可看作非齐次泊松过程，即失效时间服从参数为 ξ 的指数分布。若 $\lambda(t)$ 给定，则

$$R(t) = \mathrm{e}^{-\int_0^t \lambda(x)\mathrm{d}x} \tag{8.14}$$

此时软件失效规律如图 8.6 所示。

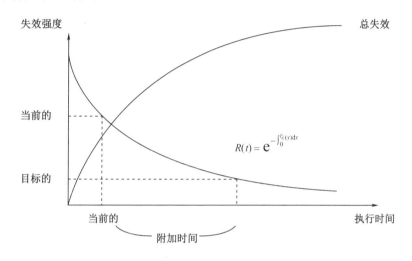

图8.6　应用系统不同层次反映出的软件失效机理一

若能够按照图 8.6 估计软件可靠度，进一步可以估计出缺陷数 $N(t)$ 等，这对保证软件可靠性非常有帮助。然而图 8.6 是基于软件平稳运行的假设，实际的失效率函数往往不可预料(图 8.7)。

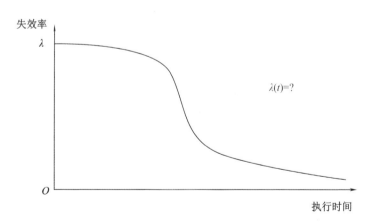

图8.7　应用系统不同层次反映出的软件失效机理二

5. 平均失效等待时间

平均失效等待时间 MTTF 表示软件不失效运行的期望时间或平均失效前时间。数学表

达式为

$$\text{MTTF} = \int_0^\infty t \cdot f(t)\mathrm{d}t = \int_0^\infty t \cdot \left\{ -\frac{\mathrm{d}}{\mathrm{d}t}\left[R(t) \right] \right\}\mathrm{d}t = -\int_0^\infty t \cdot \mathrm{d}\left[R(t) \right] \tag{8.15}$$

经分步积分,得

$$\text{MTTF} = \left[-tR(t) \right]\Big|_0^\infty + \int_0^\infty R(t)\mathrm{d}(t) \tag{8.16}$$

当 $t \to \infty$ 时,$t \cdot R(t) \to 0$,故

$$\text{MTTF} = \int_0^\infty R(t)\mathrm{d}(t), \quad t \to \infty \tag{8.17}$$

MTTF并非软件可靠运行的最短时间,而是一个期望时间。注意,这个期望时间也不是数学平均失效前时间,如 N_0 个失效时间的数学平均失效前时间的数学表达式为

$$\frac{1}{N_0}\sum_{i=1}^{N_0} t_i \tag{8.18}$$

6. 平均故障间隔时间

平均故障间隔时间 MTBF 指两次失效之间的平均间隔时间,包括平均修复时间(MTTF)和平均失效前时间(MTTF)两个部分,表示为

$$\text{MTBF} = \text{MTTF} + \text{MTTR} \tag{8.19}$$

其中,平均修复时间 MTTR 指在软件发生故障进行维护时,排除软件故障的修复时间的期望,或称为平均停机时间(这是由于假定软件在修复期间不正常工作)。由于软件具有演化性、可维护性和可修复性,软件修复所需时间是影响可靠性的因素之一。如果将修复时间看作随机变量 T,假设它的概率密度函数为 $g(s)$,则时间 $[0,t]$ 内修复软件的概率可表示为

$$V(t) = P(T \leqslant t) = \int_0^t g(s)\mathrm{d}s \tag{8.20}$$

平均修复时间表示为

$$\text{MTTR} = \int_0^\infty t \cdot g(t)\mathrm{d}t \tag{8.21}$$

8.4.2 软件可靠性度量指标的选取

软件可靠性的度量指标可分为两大类,即基于失效时间的度量指标、基于失效数量的度量指标。例如,通过观测并分析软件故障发生的时间间隔、累计时间以及程度,预测软件在未来的时间内的可靠程度。

选取软件可靠性度量指标需要依据具体应用需求。对要求失效频率极低的软件,可选取失效率、失效强度等作为度量指标,如操作系统等。对在特定时间内可靠性要求极高的软件,特别是应用与安全攸关的软件,如航空航天软件,可选取可靠度作为度量指标。对使用稳定的软件,如通用软件包等,可选取平均失效等待时间作为可靠性度量指标。可靠性派生度量指标是针对不同应用需求而采用的专门度量指标。

软件应用于广泛的领域,不同软件对可靠性有不同的关注点,故可靠性度量应根据不

同关注点采用有针对性的度量指标。

8.5　软件可靠性模型

软件失效率的量化方法有很多。早期的模型测量"两次失效之间的时间间隔"。有的方法测量在特定时间间隔中发生失效的次数,还有许多其他的测量方法。这些模型可以实现很多有用的功能。例如用来测试现场平均失效率,这个信息对于系统级可靠性的精确评估是很有必要的。另外,这些模型可以给未来的客户提供一些信息,而这些信息可以表示软件的质量等级。同时,这些模型也可为新软件开发过程提供有用的信息。

软件可靠性建模背后的主要观念之一是软件设计要经历一个测试阶段,在这个阶段,软件发生的各种失效和失效的次数都要被记录。测试阶段一般在正式测试过程中进行,其目的是发现软件设计缺陷。大部分模型假设设计缺陷在发现之初即被修复。因此,这个测试过程是一个可靠性增长的过程,随着可靠性的上升,失效率会以一定的方式下降。

在软件可靠性建模的时候,我们会提出很多假设,而这些假设很可能与专业编程人员的经验大相径庭,这些经验和由此所导出的结果需要更加详细的讨论。在实际的软件测试中,许多假设的确不成立。正如 Goel(戈尔)所说,任何一种假设与事实的背离都不应该阻止我们对模型的使用,特别是当我们理解了违背假设所造成的影响,并且考虑了这些影响的时候。

1.假设 1:缺陷是独立的

在软件可靠性模型中,通常假设缺陷是独立存在的,以便简化模型,而不需要考虑相关概率。一项关于缺陷如何引入的研究道出了许多原因:功能误解、设计错误、代码错误等。这些原因通常会导致相互独立的故障,偶尔会存在相关缺陷,但是我们并没有充足的理由质疑这种假设。

2.假设 2:失效时间间隔是独立的

如果每次测试的输入数据集(或者路径)是随机选择的,那么这种假设便是合理的。有些测试是随机的,但是大量的软件测试都是按照详细制定的计划进行的。当失效发生的时候,一般会加强对那个区域的测试。由此我们得出,这种假设对于大部分测试过程是不成立的。两个原因导致了这个假设的偏离。首先,数据通常是"嘈杂的";其次,"重启"也是由非随机的测试导致的。当测试软件的新区域时,失效率会忽然上升;当新的测试人员加入的时候,我们也会看到类似的情形。这些结果并不能阻止我们使用这些模型,我们只要意识到所得到的曲线是有"噪声"的。

3.假设 3:在极短时间内就可以消除已发现的故障

为了消除缺陷,需要花费一些时间重新编程或者设计软件,但需要花费多少时间是不确定的。在实际工程中,已发现的缺陷能在极短的时间内消除,这一假设与事实是有相当大的出入的。但是这并不是一个严重的问题,测试一般可以继续进行,造成的影响不大。在最坏的情况下,可能重复发现同一个缺陷,这些缺陷可以从数据库中删除。

4.假设4:没有引入新的缺陷

在BET(基本执行时间)模型中,假设对软件修复的过程中不会引入新的缺陷。经验表明,在修复软件的过程中,有可能被引入一些新的缺陷。对于大型的、比较复杂的程序和未很好归档的程序,这种情况更容易发生。

新的缺陷引入并不会影响对这个模型的使用,它仅仅会改变模型的参数。如果新的缺陷的引入率很大,那么失效率就不会下降。这表明需要采取更加强有力的手段,重新设计或者放弃程序。

5.假设5:缺陷导致失效的可能性是相等的

BET模型中假设了所有缺陷导致失效的可能性是相等的。经验表明这个假设是不正确的,一些关键的缺陷很快导致失效发生,但是其他的缺陷可能经过数年仍然不会导致失效。

虽然这个假设与实际情形不符,但是它产生的影响很小,如可能会使实际数据与最优数据不能很好地吻合。当这种情况发生时,我们可以使用LP(对数泊松)模型,或者对运行状态分布的每个主要元素作为单独的程序分别建模。

8.5.1 基本模型

基本模型由Jelinski、Moranda和Shooman提出、并于1972年首次被发表在文献上。该模型是基于软件测试阶段的失效间隔时间的测量而形成。它假定在测试初期,软件存在一定数量的设计缺陷,且这些缺陷彼此之间是独立的,引起失效的概率是相同的。模型假定修复过程是一个理想过程,在这个过程中,对于已经发现的缺陷,其修复时间可以忽略不计,并且在修复过程中不会引入新的缺陷。与许多其他的模型相同,该模型假定失效率与当前程序中存在的缺陷数成正比。失效率与缺陷关系如图8.8所示。

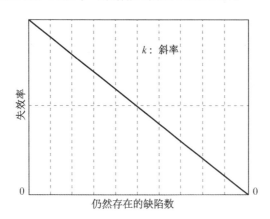

图8.8 失效率与缺陷关系

在测试阶段,失效率由下式决定:

$$\lambda(n_c) = k[N_0 - n_c(t)] \tag{8.22}$$

其中，N_0 为测试刚开始的时候缺陷的数量。$n_c(t)$ 为已经修复的缺陷数。$N_0 - n_c(t)$ 为在测试的任意时刻软件中仍存在的缺陷数。k 为失效率与缺陷数量之间的比例系数。测试阶段结束后，缺陷都已修复或者不能再发现新的缺陷，失效率将保持恒定。

例8.2：一个程序大约有100个软件设计缺陷。原来的程序剩余缺陷数与每小时发生的失效数的比率是0.01。表8.7为从一个正式的软件应力测试中收集到的数据。

表8.7 测试数据

失效数	时间/h
第一次失效	5
第二次失效	12
第三次失效	21
第四次失效	38
第五次失效	55

解答：由式(8.22)可以计算每个失效时间间隔中的预计失效率。在失效发生时间间隔内，失效率是固定的。

第一次失效发生后，失效率为 $\lambda(1) = 0.01 \cdot (100 - 1) = 0.99$

第二次失效发生后，失效率为 $\lambda(2) = 0.01 \cdot (100 - 2) = 0.98$

第三次失效发生后，失效率为 $\lambda(3) = 0.01 \cdot (100 - 3) = 0.97$

第四次失效发生后，失效率为 $\lambda(4) = 0.01 \cdot (100 - 4) = 0.96$

第五次失效发生后，失效率为 $\lambda(5) = 0.01 \cdot (100 - 5) = 0.95$

失效率与测试时间关系如图8.9所示。

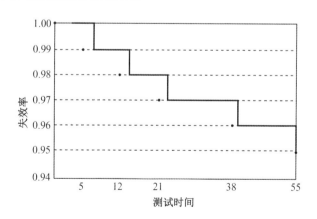

图8.9 失效率与测试时间关系

8.5.2 基本执行时间（BET）模型

基本执行时间模型是在基本模型的基础上发展起来的,由 J.D.Musa 在 1975 年发表在文献上。在这个模型中,将计算机执行时间与日历时间相区别。当一台计算机将所有时间用于执行一个程序的时候,这两个时间是相同的;但是当程序在一个分时系统中运行的时候,这两个时间是不同的。这个模型所作的假设与基本模型是相似的。

在程序测试阶段,失效率为

$$\lambda\left(n_c\right) = k\left[N_0 - n_c(\tau)\right] \tag{8.23}$$

其中,τ 表示执行时间。一般来说,对于控制系统计算机,其执行时间等于日历时间,因为这些计算机是专门用于实现控制功能的。

在测试过程中,发生失效的累积次数为执行时间的函数,需要记录下来。但是,这个信息并不会直接提供式(8.23)中所需的 N_0 和 k 的值。为了得到必要的参数,需要找到作为执行时间函数的 n_c 的分析式。为此,我们需要这样一个公式,在公式中选择适当的参数使曲线与实际测量数据能更好地吻合。

值得注意的是,基本模型和基本执行时间模型均假设任何缺陷被发现的可能性是一样的。这意味着在任何给定的时间段内,可以发现的故障的百分比是相同的。为了说明这一概念,假设一个程序有 1 000 个缺陷(5 000 行程序乘以每一千行 0.2 个缺陷),假设每个星期可以发现剩余缺陷的 25%,表 8.8 列出了程序正式测试数据。

表 8.8　程序正式测试数据

周数	剩余缺陷数	发现缺陷数	累计缺陷数
0	1 000	0	0
1	750	250	250
2	563	187	437
3	423	140	577
4	318	105	682
5	239	79	761
6	180	59	820
7	135	45	865
8	102	33	898
9	77	25	923
10	58	19	942
11	44	14	956
12	33	11	967
13	25	8	975
14	19	6	981

表8.8（续）

周数	剩余缺陷数	发现缺陷数	累计缺陷数
15	15	4	985
16	12	3	988
17	9	3	991
18	7	2	993
19	6	1	994
20	5	1	995

　　将上表所发现的缺陷累计数描绘成曲线,将会看到一个类似于指数增长的曲线,剩余缺陷数的曲线类似于指数衰减曲线,如图8.10所示。由于失效率与剩余缺陷数是成正比的,所以失效率也必然会呈指数衰减状态。

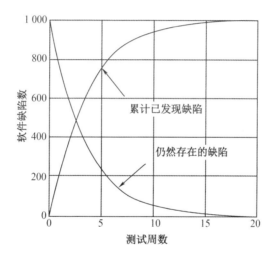

图8.10　缺陷与测试时间关系

　　由于每段时间内缺陷被发现(Detected)的数量占剩余(Remaining)缺陷的百分比是恒定的,即上例中的25%,可以表述为

$$N_{\text{Detected}} = kN_{\text{Remaining}} \tag{8.24}$$

由于剩余缺陷数又等于起始时刻缺陷总数(N_0)减去修复的缺陷总数,因此可得

$$N_{\text{Detected}} = k\left[N_0 - n_c(\tau)\right] \tag{8.25}$$

　　每个时间间隔中已修复缺陷总数的差值为在那个时间段中发现的缺陷数,这个差值可以用式(8.25)表示为

$$\frac{\mathrm{d}n_c}{\mathrm{d}\tau} = k\left[N_0 - n_c(\tau)\right] \tag{8.26}$$

　　求解该微分方程可以得到已修复缺陷的总数作为执行时间的函数为

$$n_c(\tau) = N_0\big[1 - e^{-k\tau}\big] \tag{8.27}$$

将式(8.27)代入式(8.23)可得

$$\lambda(\tau) = kN_0 e^{-k\tau} \tag{8.28}$$

由上式可知,失效率确实是执行时间的指数衰减函数。式(8.28)的参数可以用曲线拟合的方法来估计。

8.5.3 对数泊松（LP）模型

BET模型的假设之一是所有缺陷被发现和修复的几率是相同的。在许多程序里,特别是那些规模较大并且较多异步任务的程序,是不能做这些假设的。显然,在数百小时的应力测试中,要想进一步发现目前还没有被发现的缺陷比那些很快被发现的缺陷更难。

指数泊松模型假设作为已修复的缺陷总数的函数,失效率变量呈指数形式:

$$\lambda\big(n_c\big) = \lambda_0 e^{-\Theta n_c} \tag{8.29}$$

其中,Θ 为失效强度衰减参数;λ_0 为初始失效率。

通过比较式(8.29)与式(8.23),可以看出 LP 模型与 BET 模型的区别,如图 8.11 所示。对于 LP 模型,某些缺陷导致失效的几率较大,当消除这些缺陷以后,系统的失效率迅速下降。其他一些缺陷不容易导致失效,当缺陷被消除后,失效率下降比较缓慢。在缺陷消除过程中,当曲线越过某个点后,失效率不会再大幅度下降。这是因为在消除缺陷的过程中会引入新的缺陷。实际上,在对软件做修改的时候都会引入一些新的缺陷。

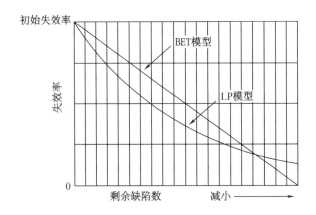

图 8.11　LP 模型与 BET 模型的失效率与缺陷数的关系

在 LP 模型中已修复缺陷的总数由下式给出:

$$n_c(\tau) = \frac{1}{\Theta}\ln\big(\lambda_0 \Theta \tau + 1\big) \tag{8.30}$$

比较式(8.30)与式(8.27),两个模型中的已修复缺陷的总数如图8.12所示。

在 BET 模型中,随着执行时间的增长,已修复的缺陷数会趋于稳定。但是对于 LP 模型,已修复缺陷数会趋于无穷大。这是一个大规模的、复杂的,具有无穷大路径空间的程序所具备的特征。如果在修复原有缺陷的过程中引入新的缺陷,已修复缺陷的总数将趋于无穷大。这种观点认为被很多人使用很长时间的程序更加可靠。但是遵循LP模型的程序将不支持这种观点。如果程序具有巨大的、复杂的路径空间,那么在故障修复到一定程度之后,即使不断进行修复,故障数也不会再下降了。

失效率可由LP模型求得,它是执行时间的函数,如下所示:

$$\lambda(\tau) = \frac{\lambda_0}{\lambda_0 \Theta \tau + 1} \tag{8.31}$$

LP模型的使用方式与BET模型相似,是在产品测试过程中记录失效次数。参数通过最佳曲线拟合来确定。

基于实际软件测试数据,已经使用这些模型和其他模型做了一些研究,结果都是比较成功的。对于软件的某个特定部分,通常会有一个更好的模型。目前人们还不清楚软件调整与模型最佳匹配之间有何关系,但是一些应用模式正在形成。LP模型更适用于大规模、比较复杂的程序,特别是当运行状态分布是变化的时候。BET模型更适用于程序规模是变化的场合,目前这个领域的研究工作正在进行。

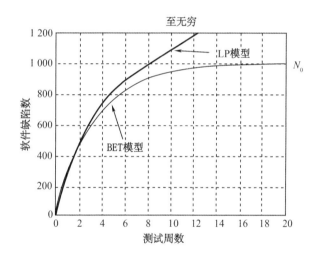

图8.12　缺陷与测试时间的关系

8.5.4　运行状态分布的考虑

在前面我们已经介绍了输入空间的概念,即所有可能输入的总和。这些输入使得计算机按照程序执行不同的路径。有些失效只有当计算机接收某些输入的时候才会发生。输入集合是按照计算机功能分组的,使计算机执行特定功能的指令,以及随之而来的输入数据,代表了输入空间的一个逻辑分组。

在不同的场合,计算机的使用率是不同的,这可以由大家熟知的运行状态分布,即输入分组的概率分布来描述。计算机上的每一种功能都是以不同的输入集合来表示的。可以用计算机程序的运行状态分布来指导测试,也可以对程序使用率高的部分做更多的测试。程序不同部分的测试可以独立建模。每一部分的失效率都可以单独计算出来。系统总的失效率可以使用基于运行状态分布的加权平均来计算。这种实现方法的一个很大优点是，对于不同运行状态分布的用户，总的失效率可以重新计算。

第9章　基于屏障理论的DP失效控制

9.1　概述

在DP系统的失效控制上，从设计时的冗余设计（如 Class 2、Class 3 系统）以减小系统因单点故障造成定位失败，以及工作状态下的监测、预警和修复设备等，最大限度地避免因DP系统失效而造成事故，为DP系统提供了高可靠性保障。但是当DP系统发生失效，如何采取应急策略则需要进一步研究。

9.2　屏障理论/思维

9.2.1　瑞士奶酪模型

"瑞士奶酪模型"也叫"瑞森模型"，是由英国曼彻斯特大学精神医学教授詹姆斯·瑞森于1990年在其心理学专著《人员失误》一书中提出的概念模型。该模型的主要思想是组织体系可以分为不同层面，每个层面都有"漏洞"，危险源就像一个不间断的光源，刚好能透过所有这些"漏洞"时，事故就会发生。这些层面摞在一起，犹如有孔"奶酪"叠放在一起，所以被称为"瑞士奶酪模型"，如图9.1所示。

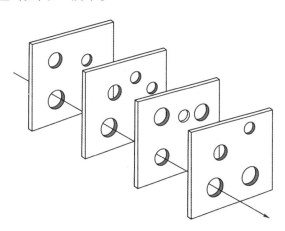

图9.1　"瑞士奶酪模型"示意图

"瑞士奶酪模型"中，多片瑞士奶酪摞在一起代表着复杂的工业系统，瑞士奶酪的片层结构代表着一系列防止事故发生的防御屏障，也可以引申为防范意外事故发生的措施。每个防御屏障上都会有意想不到的失误、缺陷或者漏洞,类似于瑞士奶酪上的孔洞,这些孔洞也代表着潜在的故障或差错,且这些孔的位置和大小都在不断变化。当每片奶酪上的孔洞碰巧对齐时,瞬间排列成一条直线,危险源就会穿过所有防御屏障上的孔洞,导致事故发生。"瑞士奶酪模型"上从危险源到事故的箭头代表着可以导致伤害或损失的一系列事件。

9.2.2　屏障的定义

广义的屏障为遮蔽、阻挡、保护之物。古今中外,人们将广义的屏障应用到日常生活、工作、政治、军事、经济、文化、国土安全等方面。狭义的屏障特指安全生产过程的屏障,是一种控制和防护措施,目的是避免危险源释放或将危险源释放后所造成的后果降到最低。例如,隔音玻璃、防护围栏、佩戴安全带等都属于一种屏障。

根据挪威石油管理局(Norwegian Petroleum Directorate,NPD)关于石油开采作业的相关规范的定义,屏障(barrier)是用来阻止或减缓不期望的事件发生的方法和措施,如图9.2所示。屏障可以是实际存在的设备,也可以指管理制度等非物理事物,主要由屏障的组成单元(barrier element)及屏障功能(barrier function)组成。Chen和Moan在文献中将Barrier的理念用于DP位置丢失的风险控制,即采取相应的控制措施,在位置丢失发生的事件链上建立多道屏障,控制事故的进一步恶化,抑制位置丢失的发展,减轻事故的严重程度。

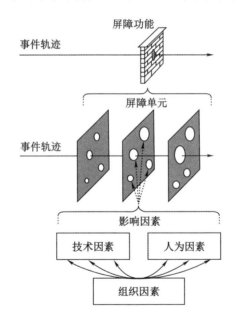

图9.2　屏障理论示意图

如图9.2所示,一个屏障函数由一个或多个屏障单元组成。屏障单元在实际系统运行过程中也存在漏洞或缺陷。这些漏洞或缺陷可能受技术、人为以及组织等因素的影响。

如第1章图1.2所示的深水钻井平台与钻井立管的联合作业示意图,根据失位的严重程度,将DP事故分为三个阶段,据此建立DP钻井作业的三层屏障功能,如图9.3所示。

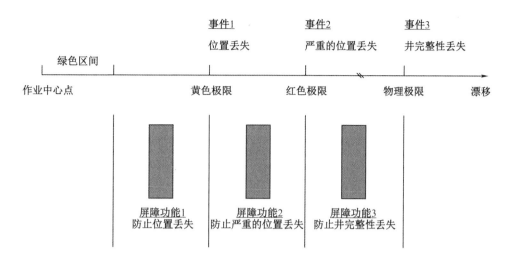

图9.3　DP钻井作业的屏障功能

9.3 防止位置丢失的屏障措施

以DGPS的错误位置信息导致驱离(drive-off)事故为例,应用屏障理论对DP驱离失位进行失效控制。

为了防止位置丢失,可建立以下几个子屏障(sub-barrier),如图9.4所示。

(1)屏障功能1:防止DGPS生成错误位置信息;

(2)屏障功能1:防止DP控制软件使用错误的位置信息;

(3)屏障功能1:在钻井平台到达黄色极限线之前阻止它的运动。

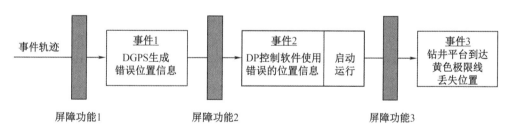

图9.4　三个屏障函数用于防止位置丢失

为了阻止单个或者冗余DGPS产生错误信息,可建立以下屏障元素,如图9.5所示。

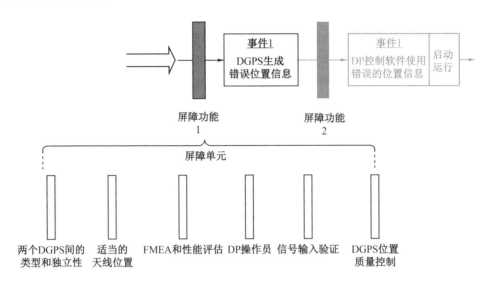

图9.5　用于阻止DGPS产生错误信息的屏障元素

（1）两个DGPS间的类型和独立性

应保持DGPS之间的相对独立。使用双冗余DGPS的基本要求是，保证一个差分连接最多被一个DGPS使用。同时，DGPS的外部校准尽量减少对GPS系统的依赖。可以将GPS、GLONASS（全球卫星导航系统）与DGPS交叉联合使用，比如一台DGPS使用GPS与GLONASS，另一台DGPS使用GPS，这样两台DGPS的软、硬件系统不会完全相同，从而增加了位置信息的可用性。

（2）恰当的天线位置

IMCA M141《DP控制系统中作为位置基准的DGPS使用指南》对钻井设施的天线布置有合理的建议。如果天线不是布置在最优的位置，关键的DP操作员应该知晓可能会发生的后果，并采取相应的补救措施，比如避免特定的位置。

（3）FMEA和性能评估

首先，要提高差分DGPS的FMEA的质量。不应该只考虑信号丢失或硬件故障。系统运行合理但位置数据错误的故障模式应予以识别、突出和分析。以下故障模式应该在对DGPS的FMEA中考虑到。

①GPS信号丢失；

②GPS信号错误；

③差分连接信号丢失；

④差分连接信号错误；

⑤DGPS单元模块故障；

⑥错误的位置信息（由于DGPS单元模块故障）；

⑦错误的GPS信号（由于外部条件）；

⑧丢失差分连接信号（由于外部条件）；

⑨错误的差分连接信号(由于外部条件)。

其次,DP系统的FMEA可能不是识别DGPS故障的充分解决方案。此外,在DGPS系统生命周期的任何阶段都可能出现故障。因此,建议进行专门的DGPS性能评估。DGPS性能评估可以识别DGPS系统的各种故障和操作限制。DGPS性能评估包括以下两个方面:

①根据当前DGPS系统的设计、安装、配置和运行,开展对目标船舶的风险分析。

②DGPS故障和性能的现场评估,包括硬件、软件、配置、操作程序、操作员知识和外部条件。

(4)DP操作员

DP操作员可以获得各种信息,以便为可能影响所有DGPS的外部原因做好准备。例如,有关GPS和GLONASS在因特网(Internet)上的可用性的预测,以及从服务供应商提供的差分链路状态的警告和更新。这是一个如何收集与整合所有可用信息以便在日常运作中更好做出规划的问题。应明确谁、何时以及如何收集信息,并向DP操作员提供如何使用收集到的信息进行指导。

(5)信号输入验证

在DGPS软件中设计了信号输入验证算法。在特定的外部条件下,一个或多个信号输入验证参数可能会超出限制,DGPS系统可能会停止向DP软件传送位置数据。建议在DGPS系统配置中设置和维护正确的信号输入验证功能时,采取适当的管理措施。

(6)DGPS位置质量控制

一般来说,DGPS的质量控制参数及许多其他功能参数不应该由DP操作员来执行,因为错误被假定为与实际操作成正比,这是IMCA推荐的原则。但是,应该有管理措施来维持正确的DGPS配置,比如:

①谁负责维持和更新DGPS的配置;

②DGPS设置什么时候应该被设置和检查;

③DGPS配置多久应该被检查;

④不同作业工况下的最优配置是什么样的。

因此,应有适当的操作程序、检查表以方便操作员执行上述任务,应始终有称职的人员执行这些任务。如果任务应由船上的关键DP操作员执行,则他们需要具备相应的能力,参加过与设备相关的课程以及其他教育和培训活动。

为了阻止控制器使用错误的位置信息,可建立以下屏障元素,如图9.6所示。

(1)DP操作员

应具有适当的操作程序和检查表,以便对DP软件进行最佳配置;了解如何以最佳方式使用可用的位置参考系统,如何处理涉及DGPS错误位置数据的异常情况。

(2)DP软件对DGPS输入验证

DP软件应该有特定的函数来校核DGPS的输入,检验DGPS的位置信息是否满足一定的验证。如果没有通过验证,则该位置信息应该不会被DP软件所采用,或被谨慎使用。

DGPS输入验证包括：

①当外部条件恶化发出警告时，尽早提醒DP操作员；

②当外部条件被认为不适合操作时发出警报，拒绝DGPS输入；

③可指定不同的报警和警报标准，并根据实际操作环境、DP操作员的偏好，以及卫星预报信息进行调整。

（3）合格的在线PRS

在操作过程中，应始终使用适当的位置参考系统。建议使用具有3种不同原理的足够位置参考系统，而不是仅使用3种独立的位置参考系统。在DP软件中，采用3种不同原理的位置参考输入可以改善DGPS与声学位置参考系统之间的当前不平衡加权。

（4）DP软件对PRS错误检测

如果DGPS输入通过了DP软件的验证，下一步就是检测该有效输入是否正确。2个DGPS输入（配合1个或2个水声定位系统）的常规配置未来可能需要重新评估。当水深超过500 m，只有水声定位系统可以被使用时，需要审查DP软件中DGPS输入的权重，而DGPS的权重不能总高于其他位置参考系统的输入。此外，DP软件中的错误测试需要针对特定的操作条件进行配置。DP软件中DGPS的权重可以被调整，比如，DP操作员可以让水声位置参考系统具有更高的权重。此外，DP软件中的错误测试功能应该能有效检测出尽可能多的DGPS错误位置数据。半实物仿真就是一个有效的手段，它可以大范围地测试DP软件算法的漏洞。

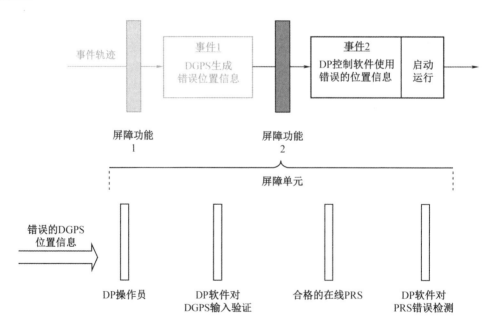

图9.6 用于阻止控制器使用错误的DGPS信息所建立的屏障元素

9.4 防止严重位置丢失的屏障设计

一旦船舶发生失位，一般由DP操作员执行操作来抑制船舶的进一步偏离。该阶段主要的失效可能是由人为因素造成的，该层屏障主要考虑如何防止人为的失效。屏障元素会直接或间接地影响操作员的操作性能，包括以下几点内容。

1.人机工程学设计

包括空间位置的布置、DP操作人员工作间的设计。主要是显示模块的设计，以及显示模块中信息显示的设计。工作间的空间布置应合理，信息显示模块及信息显示方式的设计应符合人机工程学原理，易于操作人员的使用。

2.报警系统

在产生报警、报警感知、报警理解和决策支持，以及报警后动作等方面来防止人因失误的发生。具体包括改进设计抑制程序，减少对同一事件的冗余警报；报警系统要给出易于感知的报警信号，包括声、光、电等，以保证操作人员及时感知；报警信号要明确易懂，使操作人员在第一时间明确警报的含义，以便做出准确及时的决策；指定详细的警报后作业程序，防止多个警报同时出现时操作人员无从下手。

3.操作规程

应制定检查钻井平台发生偏移和处理位置参考系统失效的详细操作程序；同时应明确紧急情况下DP操作人员、动力控制室操作人员与钻井工之间的分工，明确各操作人员的任务。

4.培训

培训是在紧急情况下，提高DP操作人员人因可靠性的重要手段。钻井公司要为DP操作员制定完善的培训计划，包括理论知识培训和仿真环境训练，从理论和实践两个方面提高操作人员的水平。

9.5 防止海底钻井完整性丢失的屏障设计

当钻井平台超过红色警戒线时，为了保护井的完整性，应启动脱离程序。屏障元素包括：

（1）紧急快速脱离（emergency quick disconnect，EQD）系统

当有必要时，EQD系统会将水下立管总成（lower marine riser package，LMRP）和防喷器（blow out preventer，BOP）断开。激活断开程序的方法有两种，即手动和自动。在浅水区域，由于反应时间较短，可以采用自动激活方法启动EQD系统；而在深水区域，因反应时间较长，要考虑误动作可能带来的巨大损失。大多数深水钻井平台采用手动激活EQD系统。对

EQD系统的设计、测试和使用维护过程建立相应的规范和程序,提高系统可靠性,以减低作业时的风险。

（2）安全脱离系统（safe disconnect system，SDS）

SDS是最后一道脱离屏障,在EQD系统失效的情况下,可以启动SDS来脱离立管LMRP,以防止BOP和井口破坏。SDS是一道依靠机械和液压的屏障,不需要DP操作人员或DP软件的激活,因而具有更好的可靠性。

（3）关闭井

在紧急脱离失败后（EQD系统、SDS均失效）,立管与井口的连接被扯断,闸板会通过BOP控制自动关闭井口。闸板闭合的成功与否与BOP系统的设计、制造、测试与维护密切相关,应建立BOP系统的一体化程序来降低闸板闭合失败的概率。

参考文献

[1] IMO(International Maritime Organization). Guidelines for vessels with dynamic positioning systems [S].[S.1.:s.n.],1994.

[2] Det Norske Vetitas, Germanischer Lloyd. Newbuildings special equipment and systems additional class in rules for classification of ships newbuildings[S].[S.1.:s.n.],2011.

[3] American Bureau of Shipping (ABS).Guide for dynamic positioning systems[S].[S.1.:s.n.], 2013.

[4] 中国船级社.钢质海船入级规范[S].北京:人民交通出版社,2014.

[5] 王芳.过驱动水面航行器的控制分配技术研究[D].哈尔滨:哈尔滨工程大学,2012.

[6] WANG F, WAN L, JIANG D P, et al. Design and reliability analysis of DP-3 dynamic positioning control architecture[J].China Ocean Engineering,2011,25(4):709-720.

[7] WANG F, LV M, BAI Y, et al. Software implemented fault tolerance of triple-redundant dynamic positioning (DP) control system[J]. Ships and Offshore Structures, 2017, 12(4): 545-552.

[8] 王芳,吴炎彪,王剑.全船自动化典型解决方案解析[J].造船技术,2020(6):12-15.

[9] Kongsberg K-Pos Dynamic positioning[EB/OL]. (1998-03-18) [2022-06-26]. https://pdf. nauticexpo.com / pdf / kongsberg-maritime / kongsberg-k-pos-dynamic-positioning / 31233- 38087.html.

[10] WANG F,LV M,XU F.Design and implementation of a triple-redundant dynamic positioning control system for deepwater drilling rigs[J].Applied Ocean Research,2016,57:140-151.

[11] 王芳,迟明,徐锋,等.动力定位模式下考虑钻井立管角度响应的最优控位方法[J].船舶工程,2016,38(10):20-25.

[12] 王芳,吴炎彪,白勇,等.基于Markov的系统级动力定位控制系统可靠性分析[J].船舶工程,2020,42(8):97-102.

[13] CHEN H B. Probabilistic valuation of FPSO-Tanker collision in tandem offloading of operation[D].Trondheim:NTNU,2002.

[14] CHEN H B, MOAN T. Probabilistic modeling and evaluation of collision between shuttle tanker and FPSO in tandem offloading[J].Reliability Engineering and System Safety,2004,Z (84):169-186.

[15] 付明玉,王元慧,朱晓环.现代舰船动力定位[M].北京:国防工业出版社,2019.

[16] 边信黔,付明玉,王元慧.船舶动力定位[M].北京:科学出版社,2011.

[17] 戈布尔.控制系统的安全评估与可靠性[M].白焰,董玲,杨国田,译.北京:中国电力出版社,2008.

[18] 索弗特瑞.可靠性实用指南[M].陈晓彤,赵廷弟,王云飞,等,译.北京:北京航空航天大

学出版社,2005.

[19] 胡涛,杨春辉,杨建军.多阶段任务系统可靠性与冗余优化设计[M].北京:国防工业出版社,2012.

[20] VEDACHALAM N, RAMADASS G A. Reliability assessment of multi-megawatt capacity offshore dynamic positioning systems[J].Applied Ocean Research,2017(63):251-261.

[21] WANG F,LV M,LIU L,et al.On Markov modelling for reliability analysis of class 3 dynamic positioning(DP)control system[J].Ships and Offshore Structures,2018,13(S1):191-201.

[22] WANG F,BAI Y,WANG J.Systematic reliability analysis of the Dynamic Positioning (DP) control system for a deepwater drilling rig[J].Ships and Offshore Structures,2021,16(10):1114-1124.

[23] 王芳,潘再生,万磊,等.深水钻井平台动力定位的推力分配研究[J].船舶力学,2013,17(1/2):19-29.

[24] 王芳,万磊,姜大鹏,等.基于Vxworks的DP-3动力定位控制系统设计与分析[J].上海交通大学学报,2012,46(2):217-222.

[25] 王芳,万磊,姜大鹏,等.DP-3级动力定位控制系统的体系结构[J].应用基础与工程科学学报,2012,20(1):130-138.

[26] 王芳,万磊,陈红丽,等.981深水钻井平台的最优控制分配策略研究[C]//中国海洋工程学会.第十五届中国海洋(岸)工程学术讨论会论文集.北京:海洋出版社,2011:338-344.

[27] 王芳,万磊,姜大鹏,等.深水钻井平台DP-3级动力定位的半实物仿真[C]//中国海洋工程学会.第十五届中国海洋(岸)工程学术讨论会论文集.北京:海洋出版社,2011:349-353.

[28] IMCA. Station keeping incidents reports[EB/OL].(2021-09-11)[2022-05-12].https://www.imca-int.com/product/station-keeping-incidents-reported-for-2019/.

[29] SANTA R, COSTA M, MACHADO G B.Analyzing petrobras DP incidents [C].[S.1.:s.n.],2006.

[30] MOAN T. Safety management of deep water station-keeping systems[J]. Journal of Marine Science and Application,2009,8(2):83-92.

[31] CHEN H B, MOAN T. DP incidents on mobile offshore drilling units on the Norwegian continental shelf [J].Advance in Safety and Reliability, 2005(1):337-344.

[32] CHEN H B,MOAN T.Safety of DP drilling operations in the South China Sea[C]. International conference on probabilistic safety assessment and management (PSAM).[S.1.:s.n.],2008.

[33] CHEN H B, MOAN T, VERHOEVEN H.Effect of DGPS failures on dynamic positioning of mobile drilling units in the North Sea[J].Accident Analysis and Prevention,2009,41(6):1164-1171.

[34] CHEN H B,MOAN T,VERHOEVEN H.Safety of dynamic positioning operations on mobile offshore drilling units[J].Reliability Engineering & System Safety,2008,93(7):1072-1090.

[35] CLAVIJO M V,MARTINS M R,SCHLEDER A M.Reliability analysis of dynamic positioning

systems：progress in maritime technology and engineering[M]. London：Taylor & Francis Group，2018.

[36] IEC. Analysis techniques for system reliability：procedure for failure mode and effects analysis (FMEA)[S]. Switzerland：IEC，2016.

[37] OREDA. Offshore reliability data handbook by DNV[M]. Norway：SINTEF and Group of Oil Companies，2009.

[38] HIROMISTU K，ERNEST J H. Probabilistic risk assessment and management for engineering and scientists[M]. New York：IEEE Xplore，2000.

[39] DHOPLE S V，CHEN Y C，D'OMÍNGUEZ-GARCÍA A D. A set-theoretic method for parametric uncertainty analysis in Markov reliability and reward models[J]. IEEE Transactions on Reliability，2013，62（3）：658‐669.

[40] 王少萍. 工程可靠性[M]. 北京：北京航空航天大学出版社，2000.

[41] 刘红霞，宋金扬，熊勇，等. FMEA在DP-3深水半潜钻井平台上的应用[J]. 上海造船，2011，2（27）：33-37.

[42] BLANKE M，IZADI-ZAMANABADI R，BOGH S A，et al. Fault-tolerant control systems：a holistic view[J]. Control Engineering Practice，1997，5（5）：693-702.

[43] 门峰，姬升启. 基于模糊集与灰色关联的改进FMEA方法[J]. 工业工程与管理，2008，13（2）：55-59.

[44] 张汝波，史长亭，杨婷. 水下机器人软件可靠性及故障诊断方法研究[J]. 计算机工程与应用，2011，47（18）：226-230.

[45] WANG Y M，CHIN K S，POOL G K K，et al. Risk evaluation in failure mode and effects analysis using fuzzy weighted geometric mean [J]. Expert Systems with Applications，2009，36(2)：1195-1207.

[46] MURPHY D M，PATÉ-CRONELL M E. The SAM framework：modeling the effects of management factors on human behavior in risk analysis [J]. Risk Analysis，1996，16（4）：501-515.

[47] 迪隆 B S. 人的可靠性[M]. 牟致忠，谢秀玲，吴富邦，译. 上海：上海科学技术出版社，1990.

[48] BEA R G. The role of human error in design，construction，and reliability of marine structures [M]. Washington：Ship Structure Committee，1994.

[49] LT ROBB Wilcox，P.E.. Risk-informed regulation of marine systems using FMEA [J]. [S.1.：s.n.]，1999.

[50] SWAIN A D. Comparative evaluation of methods for human reliability analysis [M]. [S.1.：s.n.]，1989.

[51] WILLIAM H M，R G BEA，KARIENE H R. Improving the management of human and organization errors (HOE) in tanker operations [C]. Arlington：SNAME and the Ship Structure Committee，1993.

[52] 陈刚，张圣坤. 海洋工程人因可靠性研究进展[J]. 海洋工程，2000，18（4）：6-12.

[53] MOAN T. Safety management of deep water station-keeping systems[J]. Journal of Marine

Science and Application,2009,8(2):83-92.

[54] ALVARENGA A B M, FRUTUOSO E MELO P F, FONSECA R A. A critical review of methods and models for evaluating organizational factors in human reliability analysis[J]. Progress in Nuclear Energy,2014(75):25-41.

[55] BEA R G. Human factors and risk management of offshore structures[C]//Proceedings of the International PEP-IMP Symposium on Risk and Reliability Assessment for Offshore Structures.[S.1.:s.n.],2001.

[56] BEA R G, HOLDSWORTH R D, SMITH C. Proceedings 1996 international workshop on human factors in offshore operations[C].Houston:American Bureau of Shipping,1996.

[57] BEA R G. Human and organization errors in reliability of offshore structures[J]. Journal of Offshore Mechanics and Arctic Engineering,1997,119(1):46-52.

[58] DHILLON B S. Human reliability and error in transportation systems[M].London:Springer, 2007.

[59] DHILLON B S. Human reliability, error, and human factor in engineering maintenance: with reference to aviation and power generation[M].Boca Raton:CRC Press,2009.

[60] 柴松,余建星,杜尊峰,等.海洋工程人因可靠性定量分析方法与应用[J].天津大学学报, 2011,44(10):29-45.

[61] BEA R G. Human and organizational factors in reliability assessment and management of offshore structures[J].Risk Analysis,2002,22(1):29-45.

[62] 郭新峰.软件可靠性概论[M].北京:中国水利水电出版社,2015.

[63] GOEL A L.Software reliability models:assumptions, limitations, and applicability[J]. IEEE Transactions on Software Engineering,1995,12(11):1411-1423.

[64]SHOOMAN M L. Software reliability:a historical perspective[J]. IEEE Transactions on Reliability,1984,1(R33):48-55.

[65]MUSA J D. A theory of software reliability and its application[J]. IEEE Transactions on Software Engineering,1971,3(SE-1):312-327.

[66]郑健.深水钻井平台动力定位系统可靠性及失效预警研究[D].北京:中国石油大学, 2018.

[67]Norwegian Petroleum Directorate（NPD）. Regulations relating to management in the petroleum activities（the management regulations)[S].[S.1.:s.n.],2001.

[68]CHEN H B, VERHOEVEN H. Safety of DP operations on mobile offshore drilling units on the Norwegian continental shelf-barriers to prevent loss of position[C].[S.1.:s.n.],2005.

[69]张华,张骥,樊东东.风险管理之屏障思维[M].北京:应急管理出版社,2020.

[70]陈黎明,陈国明,金辉,等.深水钻井平台动力定位失效风险分析与控制[J].中国海洋平台,2012,27(2):32-36.